信義文化基金會◎策劃

鄭伯壎・黃國隆・郭建志◎主編

大學館

【 海峽兩岸管理系列叢書III 】

海峽兩岸之人力資源管理

信義文化
財團法人
信義文化基金會

A Sinyi Cultural Foundation Series: The Management in Taiwan and China

Volume 3: *Human Resources Management in Taiwan and China*

by Cheng Bor-shiuan, Huang Kuo-long & Kuo Chien-chih (eds.)

Copyright © 1998 by Sinyi Cultural Foundation

Published in 1998 by Yuan-Liou Publishing Co., Ltd., Taiwan

All rights reserved

7F-5, 184, Sec. 3, Ding Chou Rd., Taipei, Taiwan

Tel: (886-2) 2365-1212　Fax: (886-2) 2365-7979

YL*ib* 遠流博識網

http://www.ylib.com.tw

e-mail: ylib@yuanliou.ylib.com.tw

【海峽兩岸管理系列叢書 III】

海峽兩岸之人力資源管理

策　　劃／財團法人信義文化基金會

主　　編／鄭伯壎、黃國隆、郭建志

作　　者／王重鳴、吳培冠、施格拉(Douglas Sego)、張小鳳、梁　覺、許　浚、
（依筆畫序）　陳家聲、陳惠芳、陳曉萍、黃國隆、黃敏萍、樊景立、蔡啓通、謝貴枝

責任編輯／吳美瑤、賴依寬、陳永強

執行編輯／許邦珍、黃訓慶

發 行 人／王榮文

出版發行／遠流出版事業股份有限公司

　　　　　臺北市汀州路 3 段 184 號 7 樓之 5

　　　　　郵撥／0189456-1

　　　　　電話／2365-1212　　傳真／2365-7979

香港發行／遠流(香港)出版公司

　　　　　香港北角英皇道 310 號雲華大廈 4 樓 505 室

　　　　　電話／2508-9048　　傳真／2503-3258

　　　　　香港售價／港幣 83 元

法律顧問／王秀哲律師・董安丹律師

著作權顧問／蕭雄淋律師

1998 年 10 月 1 日　初版一刷

2000 年 12 月 5 日　初版二刷

行政院新聞局局版臺業字第 1295 號

售價 250 元　（缺頁或破損的書，請寄回更換）

版權所有・翻印必究　**Printed in Taiwan**

ISBN 957-32-3590-0

【海峽兩岸管理系列叢書 III】

海峽兩岸之人力資源管理

策 劃
財團法人信義文化基金會

主 編
鄭伯壎・黃國隆・郭建志

作 者
王重鳴・吳培冠・施格拉(Douglas Sego)
張小鳳・梁 覺・許 浚・陳家聲
陳惠芳・陳曉萍・黃國隆・黃敏萍
樊景立・蔡啟通・謝貴枝

目　錄

作 者(依筆畫序)

王重鳴：杭州大學心理學系教授兼管理學院院長及副校長

吳培冠：香港中文大學心理學研究所碩士

施格拉(Douglas Sego)：香港科技大學組織管理學系助理教授

張小鳳：現代人力潛能開發中心執行長、政治大學心理學研究
　　所博士班研究生

梁覺：香港中文大學心理學系教授兼系主任

許浚：香港科技大學組織管理學系助理教授

陳家聲：台灣大學工商管理學系暨商學研究所教授

陳惠芳：東吳大學國際貿易學系助理教授

陳曉萍：美國印第安那大學管理學系副教授

黃國隆：台灣大學工商管理學系暨商學研究所教授

黃敏萍：台灣大學商學研究所博士候選人

樊景立：香港科技大學組織管理學系教授兼副系主任

蔡啟通：銘傳大學企業管理學系副教授

謝貴枝：香港大學商學院教授

出版緣起

　　中國大陸自1979年實施改革開放政策以來，經濟快速發展，許多外商及台商對大陸市場的投資比重，隨著大陸對外開放的產業、地域範圍之擴大，而逐年增加。雖然兩岸人民屬同文同種，但兩地總體投資經營環境與企業文化却有很大的差異。此外，大陸投資的商機雖多，但台商經營失敗的例子亦時有所聞，其中對當地環境的了解與經營策略，乃是投資大陸市場的關鍵。

　　財團法人信義文化基金會從民國八十一年五月二十八日創立迄今，以推廣社會教育、學術研究及文化交流活動，進而宏揚優質文化、提昇生活品質、促進和諧人生爲宗旨。期望經由社會文化及教育活動，讓社會、企業與個人重新注入「信」與「義」之積極精神。在具體的工作要項上，乃以「信義文化精神」爲核心，透過「推廣企業倫理與組織文化」暨「促進兩岸與國際學術交流」四大工作方向，來達成基金會之使命。基於「促進兩岸學術交流」之工作要旨，基金會自1993年1月起即陸續主辦過：「海峽兩岸企業員工工作價值觀之差異」、「企業文化之塑造與落實」、「台灣與大陸企業文化及人力資源管理」、「華

人企業組織與管理」、「兩岸企業經貿與管理」等有關於兩岸人文、社會科學的學術研討會；以及委託國內知名學者專家進行有關：「大陸地區三資企業員工工作價值觀之研究」、「台灣與大陸企業文化之比較實證研究」等多項專題研究。同時，亦經常邀請大陸地區傑出學者專家來台訪問研究，以增進兩岸人民了解與和諧關係之建立。在歷次調查報告、研討會之後，總是能夠獲得各界人士的熱烈迴響。

　　此次基金會出版《海峽兩岸管理系列叢書》，全套共分為《海峽兩岸之企業文化》、《海峽兩岸之企業倫理與工作價值》、《海峽兩岸之人力資源管理》及《海峽兩岸之組織與管理》四冊，主要是針對企業文化與兩岸企業管理方面的議題，將過去舉行相關研討會、專題研究暨學術論文獎之論文精選，彙編成冊，藉以分享社會大眾，擴大兩岸學術交流的影響層面。出版此一叢書之意義，不僅是肯定基金會過去積極推動兩岸企業之互動與經驗交流所做的努力，更重要的是希望透過企業文化與兩岸企業管理之合作發展，共同研擬兩岸未來的方向，以作為華人企業結盟與擴展的基礎。

　　感謝國立台灣大學鄭伯壎教授、黃國隆教授、郭建志先生於百忙中撥冗主持叢書之編輯業務，以及參與作業的吳美瑤、許邦珍、黃訓慶、陳永強、賴依寬等工作人員，特別感謝遠流出版公司王榮文董事長的大力支持，使本書得以順利出版發行，謹以誌意。

專文推薦

　　過去四、五十年來，由於全體台灣人民的勤勞奮發，使得台灣的經濟發展突飛猛進，百姓生活巨幅改善。然而，近幾年來由於台灣地區的人力與土地成本高漲，勞動力短缺，以及經濟自由化與企業國際化的趨勢，不少台灣企業紛紛向外發展，其中前往中國大陸投資設廠者尤其眾多。

　　台灣與大陸雖屬同文同種，但是海峽兩岸在政治上已分離分治達五十年之久，雙方在社會制度、經濟體制與生活方式上已有相當差異，使得許多大陸台商在經營管理上遭遇不少困難。

　　為了探討台商在大陸之經營管理問題，並增進台商對大陸經營環境之瞭解，信義文化基金會先後舉辦了「海峽兩岸企業員工工作價值觀之差異研討會」及「台灣與大陸企業文化及人力資源管理研討會」，邀請海內外相關領域的知名學者及台灣企業界的傑出人士共同發表研究心得與分享實務經驗。此外，在1996年更舉辦了「華人企業組織暨管理研討會」，探討促成華人地區經濟成長背後的組織與管理行為，以因應華人企業的全球化挑戰。

　　為了將上述研討會的成果與社會大眾共同分享，信義文化基金會
乃決定將它集結成冊，贊助經費予以出版，以期在華人社會廣為流傳，
並增進華人企業的經營效能。本人十分敬佩信義文化基金會董事長周
俊吉先生的熱心提倡學術與文化活動，以及台灣大學商學研究所黃國
隆教授與心理學研究所鄭伯壎教授、郭建志先生三人的精心策劃。今
後希望能進一步透過華人社會學術界與企業界的共同努力，使得華人
企業的經營管理能更上一層樓、華人地區的經濟成長更加耀眼。

統一企業集團總裁

全國工業總會理事長

讀後感言：
賀《海峽兩岸管理系列叢書》
的出版

　　本套《海峽兩岸管理系列叢書》乃將近年來由信義文化基金會所主辦的有關學術研討會發表之論文以及所委託的專題研究成果報告彙集成冊，再由信義文化基金會出版問世。本叢書和一般其他同類以管理爲主題的論著相較，其一基本特點，爲自文化或人文觀點探討當前兩岸所面臨的管理問題；同時，由於其選擇兩岸企業爲研究範疇或對象，又使這一叢書與一般文獻中所稱之「跨文化研究」（cross-cultural research）不同。鑒於叢書中所收論文與研究報告之作者，包括了台、港、大陸和美國各地之知名學者，無論在學術水準或見解深度上均有可觀之處。今經彙集成冊出版，不僅方便今後從事相關研究者之查考利用，相信亦將對具有我國文化色彩之管理研究方向產生重大影響。不禁使人對於信義文化基金會在這方面的眼光與默默耕耘精神，表示衷心的感佩。

　　在一般人的刻板印象中，將「企業」與「文化」二者相提並論，似乎格格不入。企業追求利潤，而文化追求價值；企業以成敗論英雄，而文化則探討較永恆之意義。事實上，這些只是表象上的差異。在本

質上，所謂企業的發展及其運作方式本身，代表人類社會爲求生存與適應環境需要下的產物；依此意義，也就是文化演進下的產物。如果我們檢視構成企業的一些基本要素，如創業動機、群體合作、市場機制、利潤分配等等，無不與文化與有密切關係。學者每視企業爲一種「社會技術系統」（socis-technical system），其中真正有趣的，而且和人發生直接關係的，乃在於其社會層面，而非技術層面。

基本上，企業的存在與發展，其最大的理由乃爲社會創造「績效」（performance）。譬如人們常呼籲政府採取「企業化」方式運作，其涵義即在要求政府機關能夠秉持追求「績效」的原則推動各種政務。一般所稱，企業以追求利潤爲目的的說法，只是一種虛構；企業所追求者，乃是「績效」，而利潤只是對於創造績效的報酬而已。但是，什麼是績效？這一問題的答案並非一成不變的，而是隨著時間和空間條件而改變。

譬如在經濟發展初期，企業所追求者，爲生產產量之推增以解決供不應求之困境；但其後生產力大增，只是生產增多是不夠的，重要的是配合顧客的需求。再就顧客的需求而言，早期只是注重產品的價格低廉和經久耐用；然而今日卻喜愛「輕薄短小」之設計以及配合個人品味的不斷創新。

再就企業內之人際關係而言，早期所憑藉的乃是權威規範，而這種權威乃建立在家族倫理或層級職位之上。這種權威未必和任務的達成有直接的關係，同時往往是「屬人的」，造成僵化，和實際任務需要脫節。然而，隨著社會價值多元化，以及企業競爭對於創新的迫切需

要，傳統的權威來源和結構逐漸喪失其作用，被建立在專業主義和任務需要的權威所取代。

在過去幾十年中，有關企業的「治理權」（governance）問題一直飽受爭議。基本上，所謂「公有」、「私有」或「公營」、「民營」何者為優？在世界上有許多國家一直爭論不休，而且以不同型態付諸實施。這一爭議，到了今天雖未完全平息，但大體已有定論，此即為配合企業以創造「績效」為本質之前提，應該採取民有或民營型態，所謂「民營化」（privatization）已成為舉世一致的潮流。

然而這種民營企業，並非完全建立在「私有財產制度」上，只為其業主或投資者謀取利潤，而應負起種種社會責任，此時，一企業所應負責的對象，包括員工、顧客、社區、一般社會大眾，也擴及對於環境生態的保育等方面。這些責任之履行，有些已透過法律形式予以強制規定，但是更多的或更廣泛的，乃訴之於企業倫理的自我要求。

以上所概括描述的企業趨向，大致言之，代表整個世界性的潮流，恐怕也是海峽兩岸共同趨向。不過由於海峽兩岸企業的經營環境在過去幾十年間的發展歷程不同，自然造成目前狀況的差異，如今能透過諸如本系列叢書所呈現的比較研究，既可同中求異，也可異中求同！所獲得之深入了解，不但有助於管理理論的啟發，更可幫助實務工作者之實際應用。尤其面臨今後愈來愈多企業同時在海峽兩岸從事經營活動，這方面的知識必將有助於發展兼顧不同狀況下的組織管理需要。

個人有幸參與信義文化基金會所舉辦與本叢書有關之各項活動，

看到如此豐碩成果能夠編纂成冊以廣為流傳,感到十分興奮,值此付
梓前夕,特就個人所感,略綴數語以為慶賀,並對熱心參與及籌辦研
討會之先進,表示衷心欽佩。

中華民國管理科學學會理事長

前台灣大學管理學院院長

信義文化基金會董事

主編的話：
迎接華人管理世紀的來臨

　　做預測並不難，但要做準確的預測却不容易，尤其在這個巨變的時代。十幾年前，大家並未能預測蘇聯帝國的解體，會如摧枯拉朽，竟在瞬間傾垮。也無法預測同是堅持社會主義路線的中國大陸不但改弦易轍，洞開門戶，而導致了蓬勃的經濟發展。更沒有人預測到，五千多萬非居住在中國大陸的海外華人，會成為一股強大的經濟勢力。結合了中國大陸廣大的市場、充沛的人力及遼闊的土地，大中華經濟圈迅速崛起。世界銀行已經指出：跨入二十一世紀之後，包括台灣、香港、大陸在內的大中華經濟圈的經濟規模將超越日本，直追美國，甚至可能躍居世界第一。

　　在這種轉變的背後，不管是學術工作者或是實務興業家，都想抓住歷史的機遇，大顯身手一番。尤其是海峽兩岸三地的經濟、組織及管理，更捕捉了許許多多人的眼光，形成一個世界性的話題。就學術旨趣而言，不論人們對大中華經濟圈崛起的現象抱持著何種態度，它都是值得研究的對象。追隨組織與管理學的大師韋伯（Max Weber）的足跡，人們不禁納悶：為何大師的論斷——中國無法產生資本主義

的主張竟是錯得如此離譜？於是各式各樣的論証出來了，不論是贊成或反對，都已交織出一片學術的榮景。尤其在東南亞金融風暴之後，大中華經濟圈的受創程度較輕，更將引發下一波的學術思潮。

在這當中，文化當然是最無法被人忘懷的。只有在特定的文化環境之下，制度才能奏效。然而，文化指涉的是什麼？制度又扮演了何種角色？不管文化也好，制度也罷，最重要的是，彰顯文化與制度特色的廠商行動。只有透過人的行動，才能突顯出文化與制度的關鍵性效果。的確，問題的核心在人，人是制度、政策、結構及文化的載體。雖然制度與文化有其一定的決定性，但制度、文化如何落實到人的身上，人與結構又如何發生互動，而對經濟活動產生影響？只有對這些問題加以探討，才能彌補制度、文化與經濟活動之間的斷裂。

其次，從微視的觀點來看，海峽兩岸三地在經歷五十年以上的分立、分治之後，其間又各自擁有不同的歷史體驗，社會文化傳統所產生的型塑效果自是不一。因此，所展現出來的經濟活動與經濟行為也可能有所不同。如果傳統文化具有抵禦外來衝擊的硬殼，則海峽兩岸三地或各華人社會所展現的價值觀將是相似大於相異，並與西方具有清楚的分野。如果傳統文化抵擋不住現代化的型塑，則海峽兩岸三地或各華人社會由於各自的發展進程不同，而可能擁有不同的管理體系；但最後將在全球化的趨勢下，逐漸拉近彼此的距離。究竟文化的衝擊較強？抑是體制的影響較大？確實是值得討論的。當前者為真時，則關係、人情、權威、家族等華人傳統價值觀，將導出另一類的組織與管理的重大議題，並建構出一套與西方迥然不同的管理學術體

系。如果不然，則有效的管理手法將在全球化的浪潮之下，日趨一致。

　　第三，歷史事件的出現雖然常是偶發的，但歷史機遇的掌握，則是人為的。一旦抓住機會，將可以進一步創造歷史。例如，合資企業（joint venture）的出現是一種歷史的偶然，但做為一種新的組織類型，將可吸引有心的學術工作者投入，一方面滿足人類求知的好奇心，另一方面對傳統的組織理論有所增補。

　　無獨有偶的，台商、港商及其他華人企業的國際化所帶出的「家族企業全球化」的戲碼，也將吸引不少捧場的觀眾。另外，被英國《經濟學人》雜誌稱許為抵抗金融風暴利器的台灣式的產業垂直分工，亦已經為下一世紀的組織間網絡的興起做出預告。凡此種種，均說明了華人組織與管理的研究之路是如此的寬廣與絢麗。

　　從實務旨趣而言，全球化的興起以及大中華經濟圈的形成，在在擴大了企業家與企業人士的活動範圍。或跨海西進、三地分工；或深入不毛、遠走他鄉，都使實務工作者有重構企業版圖的機會。於是許多從來不存在或以往被忽視的課題，就顯得重要：例如，管理可以移植嗎？許多實務工作者都得理解：當一項在台、港或某一地區被證實是成功的管理制度，在什麼樣的條件下，才可以移植到其他諸如中國大陸的地區？要如何做，管理制度才能發揮其既有的效果？取法乎上（尊重總部）或取法乎下（尊重本地）將構成跨國（或跨地區）企業策略性思考的主軸。就如一鳥在手，死與放飛之間，都將是華人實務工作者「摸著石頭過河」的嶄新經驗。當然類似海外派駐與海外人力資源管理的議題也將一一浮現。國際企業管理或許是下一波華人企業

家主要學習的課題，也是創新管理技術的主要舞台。

自從一九八四年（民國七十三年）國立台灣大學心理學系與中國時報舉辦「中國式管理研討會」以降，海外針對華人組織與管理的研討頗多，均想帶出具有華人本色的管理與實務，從X、Y、Z理論邁向C理論。可惜的是，首開風氣之先的台灣却反而躊躇不前。就在薪火將熄之際，幸賴信義文化基金會義無反顧，扶傾濟危。從一九九三年之後，每年舉辦華人管理議題的研討，召集海內外識見卓越之士，齊聚一堂，共同討論。目前已歷五屆，主題包括海峽兩岸之工作價值、企業文化、組織管理及經貿往來，討論精彩，鞭辟入裡。當鄭伯壎教授於英國劍橋大學訪問時，呂源教授提議，各主題的論文水準均屬上乘，何妨編輯成書，發行海內外。一方面可以提升學術研究水準，對管理實務有所助益；一方面也可推廣信義企業集團的「信義精神」。於是我們乃向信義文化基金會提議，基金會不但欣然同意資助出版，而且也獲得了遠流出版公司的鼎力相助。經過多次的討論之後，我們決定先編纂四冊，分別為海峽兩岸之企業文化、企業倫理與工作價值、人力資源管理以及組織與管理。我們十分感謝周俊吉先生與王榮文先生兩位企業精英，更要特別向編輯工作小組的諸位成員：吳美瑤小姐、許邦珍小姐、賴依寬小姐及陳永強先生致上最崇高的敬意，她（他）們已為團隊工作樹立了完美的典範。

幽默大師馬克吐溫曾說，一個動手抓住貓尾巴，把貓拎回家的人，所獲得的啟示，十倍於在旁邊觀看的人。我們是旁觀者，雖然我們也看得仔細，但我們更感佩那些動手抓貓的企業人士。二十世紀即將落

幕，讓我們一起迎接華人管理世紀的來臨，共創華人管理美好的未來。

謹識

於國立台灣大學

「和」在管理中的「雙刃劍」角色

梁　覺

香港中文大學心理學系

吳培冠

香港中文大學心理學研究所

一、「和」在中國社會裡的地位

在中國人的社會裡，我們經常接觸到一些規勸或提醒人們重視人際關係及「和」的格言諺語，如「以和為貴」、「和氣生財」、「天時地利不如人和」等。在日常生活中，我們也經常有意無意地去調整或控制自己的行為，以達至人際關係的和諧。在文獻中，也有很多學者從不同角度去論證「和諧」是中國人的重要價值觀之一。例如，李亦園認為「中國文化中的宇宙觀及其最基本的運作法則是對和諧與均衡的追求」（李亦園，1995，19頁），並從三個層面，即自然系統（天）的和諧、個體系統（人）的和諧，以及人際關係（社會）的和諧去闡述中國人如何去追求及達至整體的均衡與和諧。在人際關係這個層面上，中國人的「社會取向」性格非常突出（楊國樞，1988），社會取向的特徵之一是非常強調人際或社會關係的和諧，為了達至和諧，個人甚至壓抑自己去「委曲求全」。黃國隆（1995）的調查也發現，中國大陸和台灣的工人都將工作價值觀裡的人際關係和諧看得很重，在十六種價值觀裡，人際關係和諧分別佔第三和第二位。最新的研究還發現，相對於美國人來說，中國人的人際和諧與生活滿意度的相互關係更密切（Kwan , Bond, & Singelis, 1997）。

中國人如此重視「和」，其中一個解釋是傳統中國社會是農業社會，而且資源貧乏，社會始終只能維持自給自足狀態。在此情況之下，

「社會資源的分配與秩序的安定就必須依賴『和』理念」（周丁浦生，
1988）。也有學者認為中國人有害怕動亂的情意結（張德勝，1989），
談亂變色，因此特別強調秩序的穩定。

　　「和諧」不僅被認為是中國人的重要價值觀，而且還被認為是中
國人的共同思維方式，以及中國人的共同意識型態（黃曬莉，1996）。
由於「和」被置於如此重要的地位，也難怪中國人在處事方式上事事
以和為貴。

二、「和」的背後是甚麼？

　　在價值觀的層面上去說中國人非常看重「和」，應該不會有太多的
疑問。但在行為的層面又如何呢？我們很難孤立地去定義哪一些行為
屬於「和」的行為，而必須將行為的動機、行為本身以及行為帶來的
後果一起去考慮，「和」跟很多社會行為都有關，本文將集中透過衝突
解決的模式與過程去分析與「和」有關的問題。

　　以往的一些跨文化研究發現，中國人比較喜歡採用平等的法則分
配報酬，這種趨向的原因可能是屬於集體主義的中國人比較強調人際
和諧與團結（Leung & Bond, 1984）。即使在有衝突的時候，中國人也
較多採用不爭議的方式，如第三者介入，談判等形式去解決（Leung,
1987, 1988; Leung & Lind , 1986）。還有研究發現，在面議解決衝突
時，中國人較多採用退讓（yielding），而美國人較多採用抗爭（contend-

ing）（Trubisky, Ting-Toomey, & Lin, 1991）。從這些研究的結果可見，不論是分配資源或處理爭執，中國人都比較喜歡採用避免衝突（conflict avoidance）的策略。

這種以退讓為主的策略背後的動機是甚麼呢？是為了增進和諧、促進友誼，還是為了避免衝突，防止彼此的關係惡化？根據梁覺的看法（Leung, 1996），衝突處理方式背後有兩種不同的動機，一種是為了促進和諧（harmory enhancement），另一種是維持現有關係或防止其惡化（disintegration avoidance）。衝突處理中以退、避為主的方式，應該是以維持已有關係，防止其變壞為目的。因為這種退或讓，只是避免雙方馬上衝突、撕破臉皮，維持一種虛假的和諧，如果是想增進和諧或促進友誼，則應該採取一些進取的行動，或所謂「問題解決」（problem-solving）的方式，那樣才能夠真正做到雙方得益，得到統合談判（integrating bargaining）所帶來的雙贏結果。

三、「和」的眞假或虛實之分

上面我們已提過「虛假的和諧」，這裡再詳細論述。如果我們單從價值觀層面去看，沒法說「和」是眞或假，因為價值觀只代表對事物的重視程度，不能說明行為的眞假。因此，我們還是要下到行為的層次去作分析，去看一個人是否只把「和」掛在嘴上，或者只是把「和」作為一種手段，維持一種虛假的關係。

在黃曬莉（1996）的研究中，「和」被分爲「實性和諧」及「虛性和諧」。根據前置條件、行爲取向和相處方式的不同，「實性和諧」分爲投契式、親和式及合模式，與之相對的「虛性和諧」則有區隔式、疏離式及隱抑式。在現實生活中，眞正的和諧，即所謂「投契式」和諧很難得到，因爲交往雙方之間必須沒有利益關係，或彼此眞正把利看得不重要，此外還必須有其他一些前置條件，如彼此地位相等，不會長時間相處等等。由此可見要做到「投契」很不容易，但是，在中國人的心目中，即使是虛假的和諧關係，也比撕破臉皮好。因此，中國人也特別重視表面關係的和諧，在處理一些人際關係時，會犧牲一點個人利益，或壓抑自己以求不發生衝突。在日常生活裡，也有許多維持表面關係的客套話，如廣東話裡的「得閒飲茶」（有空去喝茶）只是客氣說話，不代表確實的邀請。在這裡，「和」只是被當作爲一種技巧。不過如果人人遵守這一遊戲規則，這種「紙糊的窗戶」也不會破。然而，如果得益的一方不領情，沒作出相應的回報行爲，另一方會馬上變得憤憤不平，從此拉倒。或者，如果是和異族如西方人相處，則這種單方面的好意就會如孫隆基在《中國文化的深層結構》裡所說的例子一樣，引發內心的極度不滿。（見**表一**）

四、價值觀與表面和諧的兩維分析

由於牽涉到眞與假，或價值觀及技巧的問題，使我們在分析關於

「和」的問題時頗感困難。在此我們試圖從「和」作爲一種價值觀，以及作爲一種維持表面和諧的技巧這兩個維度，去對其中一些相應的行爲作出分析（**見表一**）。

表一　　和諧的結構和諧

和諧價值觀
（重要）

（二）據理力爭　　　　（一）謙謙相讓

（不重要）─────────────────→（重要）
表面和諧

（三）玉石俱焚　　　　（四）百忍成金

（不重要）

　　從豎的方向去看，價值觀的維度是指「和」在心目中的重要程度，或者指眞正的和諧。從橫的方向看，則指在行爲上注不注重表面的和諧（或「和」的行爲取向）。從這兩個維度構成的座標去看，在不同的象限上應有一些相應的行爲。

　　㈠如果「和」是自己的價值追求，同時又很重視表面關係上的和諧，在處理雙方的關係時，便會設身處地顧己及人。如果是分配資源時，則會採取按需要分配的原則；在處理爭執時，以退讓爲主，但這裡的退讓是眞心相讓，而不會有吃虧的感受。

　　㈡如果在價值觀上追求和諧，但又不太注意表面或暫時的關係是否和諧時，則出現據理力爭的情況，而「爭」的目的是追求眞理與理解，最終達至眞正的友誼與和諧。如果是分配資源，會

採用按勞力分配，即公平分配的原則；在處理爭執時，則會採
用「解決問題」的方法，追求雙贏方案，同時注重講道理、說
服對方為主、對事不對人，而不是漫天要價，或決不退讓。

㈢如果價值觀上並不覺得「和」重要，而且也不重視表面關係是
否和諧，出現的行為可能是非理性或對抗性，可以是蠻不講理
或出現所謂玉石俱焚的情況，「我不好過也絕不讓你舒服」。在
分配資源時，採用利己原則，自己多多益善，對方「少少無拘」；
在處理爭執時，採用抗爭的方法，儘量爭取自己的利益。

㈣如果價值觀上不重視「和」，但仍然看重表面上或手段上的
「和」，則會出現忍一時風平浪靜的情況。在這種情形下，如果
是分配資源，可能會偏向平等原則，也可能願意多吃一點虧。
在處理衝突時，則以避免衝突或讓步為主，這裡的讓步與㈠的
退讓不同，上面講的是心甘情願，覺得自己應該讓。但這裡是
委曲求全，心有不甘，只是為了維持表面的平和而犧牲自己利
益。

這樣的架構只是我們的一個觀察角度，把許多有關因素排除在
外，如彼此的關係、利益等，都沒在考慮之列。這樣做並不是覺得它
們不重要，只是為了方便進行初步的研究而作出簡化而已。

五、「和」在管理上的角色與功用

　　如果是真正的和諧，沒有感到誰佔誰的便宜，則是皆大歡喜的事，何「弊」之有？弊是來自「虛性和諧」。楊國樞先生指出（楊國樞，1988），由於中國人「社會取向」的性格特點，以致不論在家庭或一般的社會場合，都把維持和諧放在第一位。而通過扭曲自己去達到的和諧關係，只能止於表面，把背後的不滿、真正的不和諧掩蓋起來。

　　從管理的層面去看，人際關係主要涉及上下級關係、同事關係，或雇員與老板的關係。如果是屬於傳統的中國民營企業，領導者的管理行為會圍繞「差序格局」去進行（鄭伯壎，1991），親疏有序、上下有別，偏幫自己人表現出西方學者說的「交往的不公平」（interactional injustice）（Bies & Moag, 1986; Tyler, 1987, 1988, 1989, 1990），對不同的人採取不同的對待，當老板徵詢部屬的意見時，圈內的人可能敢於暢所欲言，但圈外人由於害怕受到報復，「沉默是金」，儘量避免招惹麻煩。如果我們從人際和諧的角度去看，這種「一團和氣」場面也有好處，因為如果衝突帶來彼此的敵視，則會影響今後的合作關係。當然，衝突並不一定帶來敵意，西方學者認為衝突也有其積極意義，因衝突意味著投入、承諾及關心，一個沒有衝突的組織則可能表示互不理會（Myers, 1993）。

　　舉例來說，老板或上司發現下屬出錯或表現不如理想時，可能會

批評下屬，下屬在遭受指責時，如果真是理虧當然會默然接受，心裡也不會存在太多不滿。但是，如果上司的指責有不當或過火之處，而下屬擔心辯解會引致衝突，最終破壞和氣，便保持沉默。這樣，一方面會掩蓋工作中的問題，對企業或組織的經營運作不利。另一方面，下屬的怨憤、不滿也會積存下來，有朝一日會一發不可收拾，決裂收場，一個可能的結果是「炒老板魷魚」，一走了之。轉工率高，必會耗費組織的資源。

如果企業的權責不分，如大陸一些仍然吃「大鍋飯」的國有企業，則上司在處理與下屬的關係時，更加容易產生矛盾。在權責不分的情況下，責任不清晰，工作中出了差錯招致上司批評或指責時，下屬很難區分上司是針對人或針對事。由於基本的歸因錯誤，往往會誤解批評都是針對自己，這樣，衝突的結果肯定是心裡不服，並且對上司產生惡意。在此情況下，上司往往會多一事不如少一事，儘量少作聲免致衝突，阻礙了管理的效率。

表面的和諧還有其它一些壞處。一個定質化的調查發現（杜婉韻，1996），由於擔憂提出的建議或意見不合上司的口味，工人在工作中傾向於不求有功，但求無過，管理層要求員工提建議時，員工也便三緘其口。此外，如果下屬害怕衝突而在有理時也不辯解，久而久之，便會對上司的批評指責諸多猜測，認為上司的批評不是為工作，而是別有所圖（Wu & Leung, 1996）。這樣，正常管理行為受到干擾，失去或減低了其原有的價值。

即使是同級別的同事關係，如果事事講求「以和為貴」，也會影響

企業或組織的管理效率。譬如，發現同事出錯或某事做得不好時，也不敢當面指出，因怕招來衝突。這樣，正如上面所說的，一方面是掩蓋問題，積累矛盾，另一方面，企業的運作質量肯定也不會高。

　　總之，我們不能一概地說「虛性和諧」好或不好，關鍵是有關各方是基於甚麼樣的動機，能否做到眞正的對事不對人。即使是虛假的表面和諧，也有維持現狀，保持彼此關係的功用。同時，這種虛假的和諧也有高昂的代價，那就是積存矛盾，阻礙企業或組織的發展。

六、「和」的初步研究

甲、關於「和」在衝突管理中所扮演的角色，以往的研究很少，前文所提到的分析架構，也只是止於理論的層面，因此我們試圖從本土研究取向出發，去對「和」這一中國人社會裏的重要概念，作一系列的深入研究（吳培冠、梁覺，1997），我們認爲本土化研究更能對中國人的重要心理現象，作最眞確、徹底的描述、理解及預測（楊國樞，1993）。

乙、研究方法與結果

　　本研究由兩位受過專門訓練的心理學高年級學生，在香港的街上訪問各類型的成年人，問他們對衝突的處理方式。總共成功訪問了37人。

　　訪問的結果顯示，發生不和的對象有陌生人、同事、朋友、家人或某些有關係的人。而不和的起因有下面幾種：1.認爲對方做了缺德

行為；2.對方的要求不合理；3.對方不能達到自己的要求；4.雙方意見分歧；5.對方不禮貌；6.在金錢上被對方佔便宜。

對於衝突或不和的處理方式，以及處理方式的動機和感想，則由第二作者和另外兩位一直有參與這一研究項目的心理學研究生根據結果去進行內容分析（content analysis），將它們按不重疊的準則去進行歸類，同時，加入一些我們認為常見的方式。經過歸類，將衝突處理的方式或策略歸為直接面對和間接表達兩大取向。這兩大取向的具體情況如**表二**所示。

從**表二**可見，直接或間接的衝突處理方式有34種之多，其中一些方法，如說之以理，有利於雙方達至滿意的結果，而其他很多方式，如威迫、逃避等，則可能求得一時平靜，或延緩更大衝突的爆發。

具體一些去看，在直接面對的各種方式中，說之以理和威迫的方式屬於抗爭方式，說之以理若成功，則能徹底化解衝突，達到真正的和諧關係，最終雙方可能是「不打不相識」，但威迫只是把爭執硬壓下去，即使最後對方讓步，充其量也是達至表面的和諧。而動之以情和利誘，則屬於妥協的範疇，前者是以弱者的姿態去爭取利益，而後者則是主動出擊，若最終可解決衝突，和諧與否便取決於對方的感受，有沒有覺得吃虧。在間接表達的各種方式中，透過暗示或以表情或言語去解決，是屬於婉轉的抗爭。忍讓及逃避則沒有真正解決衝突，這種方式雖然能大事化小，不過難保日後不會戰火重燃。

丙、經過歸類，採取抗爭的方式有以下的原因和動機，具體情況如**表三**所示。

表二　處理衝突的策略

直接面對	間接表達
1.說之以理 　(1)直接向對方提出投訴、表達不滿 　(2)向對方據理力爭 　(3)與對方商討，尋求雙方滿意的解決方法 　(4)提出具體的數據資料，解釋自己的立場	1.表情 　(1)給對方難看的面色 　(2)以厭惡、不滿的眼神瞅著對方 　(3)轉過臉故意不看對方 　(4)用手勢表達不滿
2.動之以情 　(1)向對方求情，希望感動對方 　(2)提及以往的情意，希望對方念舊情 　(3)請對方給自己面子，不要計較 　(4)指出希望雙方能融洽相處的好處 　(5)請一位與對方有交情的第三者在中間調停	2.暗示 　(1)指桑罵槐 　(2)在言談中隱約提及自己的不滿 　(3)發牢騷 　(4)故意提及對方過去的過失
3.威迫 　(1)與對方爭持，直至對方放棄 　(2)以牙還牙、針鋒相對 　(3)訴諸自己的地位權威，逼對方讓步 　(4)以削減對方利益來威脅對方 　(5)請出更有權威的第三者，施以高壓	3.忍讓 　(1)讓步屈服，放棄自己的觀點 　(2)表面敷衍、附和 　(3)默不作聲、心有不滿 　(4)向對方認錯，心有不甘 　(5)叫自己看開點，阿Q精神
4.利誘 　(1)給對方一點好處 　(2)讚賞對方，使其歡心 　(3)提醒對方自己以前對他有幫助，使他在這次讓步	4.逃避 　(1)假裝不知道，若無其事 　(2)避免和對方見面 　(3)不再與對方合作 　(4)退出爭執

表三　採取抗爭方式的原因和動機

1. 不去抗爭只會使錯誤得不到改進，做成一錯再錯

2. 不去抗爭只會把問題掩蓋，不能解決問題

3. 妥協、忍讓只會減低效率

4. 迴避衝突只會令彼此互不理睬

5. 迴避衝突會縱容小人

6. 忍讓、迴避會引發內心的憤怒、不平、失望及敵意的負面情緒

7. 不去抗爭會使人變得虛偽客套、表裏不一

8. 不去抗爭只會惹來更大的是非及背後的詆毀

9. 不去抗爭可能令自己放棄原則

10. 不去抗爭無法維持公義

11. 不去抗爭可能令自己違背良心做事

　　由**表三**的原因和動機去看，在衝突中採取抗爭的「表面不和諧」方式，看似不理會「和氣」，實際上，採取這種方式的人更多是為了真正消除衝突的根源，找出真理，最終達到真正的和諧。

　　而採取妥協、忍、避的方式的原因和動機則由**表四**來顯示。

丁、討論

　　過往的一些研究在發現中國人較西方人多採用不爭、避讓的方式去處理衝突或爭執時，往往會歸究為中國人重視「和」，「以和為貴」（詳見Gabrenya & Hwang, 1996）。本研究的初步結果顯示，不爭的背

表四　採取妥協、忍、避的原因和動機

1. 不想開罪對方，以免自己的利益受損

2. 小不忍則亂大謀

3. 和氣生財

4. 傷了和氣日後見面會尷尬

5. 爲自己留條後路，日後可能有求於對方的時候

6. 家和萬事興

7. 免招報復

8. 不想多生事端，只求息事寧人

9. 避免將衝突鬧大

10. 避免雙方的關係變僵

11. 不與小人計較，保持君子風度

12. 以免損壞自己的形象

13. 即使爭辯也無法改變對方的立場

14. 人在江湖，身不由己，一切看開點

15. 體諒對方難處

16. 人人觀點不同，可以求大同存小異

後可能蘊藏、培育著更大的不和。許多不爭的原因都是爲了避免現存關係惡化、避免麻煩。例如，「傷了和氣日後見面會尷尬」，「爲自己留條後路，日後可能有求於對方的時候」，「免招報復」等，是爲了給對

方面子，維持關係，這種方式可使大家表面很客氣，互相遷就。但是，這樣做的代價可能很大，因為小的不和最終可能會醞釀成暴力衝突（Ho, 1974），或使簡單的問題複雜化（Kirkbride, Tang, & Westwood, 1991）。反之，在處理衝突的時候，如果採用據理力爭的方式，其表面上看好像是「撕破臉皮」，有礙和諧的人際關係發展，但實際上，從我們的研究發現，如果雙方都是以事論事，最終不僅使衝突得到徹底解決、化解，也會使人際間的關係變得更和諧。

研究的結果給我們一點在管理實踐中的啟示，不要因為中國人在價值觀的層面重視和諧，而推論到在處理衝突時一定要採取「不爭」的策略以求增進和諧，因為「虛和」會給企業帶來負面的結果，最終導致企業在資源上損失。相反，在有不同意見或者衝突時，如果能積極面對問題，找出分歧所在，這樣，即使採取一些抗爭的方式，也可能得到對方的諒解，不但化解衝突，而且可以促進雙方的和諧關係，最終對企業有利。

七、研究建議

雖然已有學者對「和諧」作了百科全書式的探討（黃曬莉，1996），綜觀以往的文獻，對「和」的研究其實不多，已有的論述多是指「和」是中國人重要、甚至是核心的價值觀，但實證的研究很少。至於「和」在管理行為中的角色與影響，也沒有太多的研究。

　　以往對「和」的研究不多，原因之一可能是「和」太抽象，不容易作操作化的定義；原因之二可能是熟視無睹，「和」是中國人重要的價值觀變成了當然的假設。

　　雖然困難重重，我們覺得應該在管理行為的層面對「和」作出研究。我們可以從雇員如何處理日常工作中的衝突或爭執入手，看看「和」對人們的行為取向有多大的影響，或者，反過來看不同的行為方式背後的動機是甚麼，是為了增進和諧，或只是為了保持原有關係。我們即將對「和」作一些有系統質化與量化的研究，希望可以引起學者對這個題目的關注，推動我們對華人管理的探討。

參考文獻

李亦園（1995）：〈傳統中國宇宙觀與現代企業行為〉。見喬健、潘乃谷主編：《中國人的觀念與行為》。天津：天津人民出版社。

杜婉韻（1996）：《中國大陸的工作參與研究》。私人交流。

周丁浦生（1988）：〈衝突管理：傳統與創新〉。見楊國樞、曾仕強主編：《中國人的管理觀》。台北：桂冠圖書公司。

張德勝（1989）：《儒家倫理與秩序情結》。台北：巨流圖書公司。

黃國隆（1995）：《台灣與大陸企業員工工作價值觀之比較》。台北：「華人心理學家學術研討會」論文。

黃囉莉（1996）：〈中國人的人際和諧與衝突〉，台灣大學博士論文。

吳培冠、梁覺（1997）：〈從衝突管理去看「和」的角色與功用：一個本土的研究〉。見遊漢明主編：《華夏文化之管理實務》。香港：香港城市大學商學院華人管理研究中心。

楊國樞（1988）：〈中國人與自然、他人、自我的關係〉。見文崇一、蕭新煌主編：《中國人：觀念與行為》。台北：巨流圖書公司。

楊國樞（1993）：〈我們為什麼要建立中國人的本土心理學？〉。見楊國樞主編：《本土心理學研究》。台北：第一期，6-89頁。

鄭伯壎（1991）：〈家族主義與領導行為〉。見楊中芳、高尚仁主編：《中國人・中國心──人格與社會篇》。台北：遠流出版公司。

Bies, R. J., & Moag, J. S. (1986). Interactional justice: Communication criteria of fairness. In R. J. Lewicki, B. H. Sheppard, & M. H. Bazerman (Eds.), *Research on negotiation in organizations* (pp. 43-55). Greenwich, CT: JAI Press.

Gabrenya, W. K., Jr, & Hwang, K. K. (1996). Chinese social interaction: Harmony and hierarchy on the good earth. In Michael H. Bond (Ed.), *The handbook of Chinese psychology* (pp. 309-21). Hong Kong: Oxford University Press.

Ho, D. Y. F. (1974). Face, social expectations, and conflict avoidance. In J. L. M. Dawson and W. J. Lonner (Eds.), *Readings in cross-cultural psychology* (pp. 240-251) . Hong Kong: Hong Kong University Press.

Kirkbride, P. S., Tang, S. F. Y., & Westwood, R. I. (1991). Chinese conflict preferences and negotiating behavior: Cultural and psychological influences. *Organizational Studies,* 12, 365-86.

Kwan, V. S. Y., Bond, M. H., & Singelis, T. M. (1997). Pancultural explanations for life satisfaction: Adding relationship harmony to self-esteem. *Journal of Personality & Social Psychology,* 73, 1938-1951.

Leung , K. (1987). Some determinants of reactions to procedural models for conflict resolution: A cross-national study. *Journal of Personality & Social Psychology,* 53(5), 898-908.

Leung, K. (1988). Some determinants of conflict avoidance. *Journal of Cross-Cultural Psychology,* 19, 125-136.

Leung, K. (1996). The Role of harmony in conflict avoidance. To appear in Proceedings of the 50th Annual Conference of the Korean Psychological Association.

Leung, K., & Bond, M. H. (1984). The impact of cultural collectivism on reward allocation, *Journal of Personality and Social Psychology,* 47, 793-804.

Leung, K., & Lind, E. A. (1986). Procedural justice and culture: Effects of culture, gender, and investigator status on procedural preferences. *Journal of Personality & Social Psychology,* 50(6), 1134-1140.

Myers, D. G. (1993). *Social psychology* (4th ed.). McGraw-Hill, INC.

Trubisky, P., Ting-Toomey, S., & Lin, S. L. (1991). The influence of individualism-collectivism and self-monitoring on conflict styles. *International Journal of Intercultural Relations,* 15, 65-84.

Tyler, T. R. (1987). Conditions leading to value expressive effects in judgments of procedural justice: A test of four models. *Journal of Personality & Social Psychology, 52,* 333-344.

Tyler, T. R. (1988). What is procedural justice? *Law & Society Review, 22,* 301-335.

Tyler, T. R. (1989). The psychology of procedural justice: A test of the group-value model. *Journal of Personality & Social Psychology, 57,* 830-838.

Tyler, T. R. (1990). *Why people follow the law: Procedural justice, Legitimacy and compliance.* New Haven, CT: Yale University Press.

Wu, P. G., & Leung, K. (1996). Perceived intentions of supervisors negative feedback: Preliminary analyses from a joint-venture study in China. To appear in Proceedings of the 50th Annual Conference of the Korean Psychological Association.

跨越九七香港人力資源管理
所面臨的挑戰*

樊景立

香港科技大學組織管理學系

梁　覺

香港中文大學心理學系

謝貴枝

香港大學商學院

*本文的英文版發表在*Columbia Journal of World Business, Summer 1995, pp.52–59, "Managing human resources in Hong Kong 1997 and beyond."

〈摘要〉

　　再過一年多，香港將結束受英國統治而成為中國的特別行政區。在此政治和經濟的動盪時期，在香港經營的公司面臨著招聘和留住勝任員工的困難任務。本文探討香港經理人員當前所面臨的人力資源管理問題。

　　本文的基本前提是：成功的人力資源管理實務必須配合變化中的經營環境，做出積極的回應。通過審時度勢，香港的高層管理人員能採取適當的策略，為公司建立起有競爭力的人力隊伍，以掌握香港成為中國的特區之後所帶來的龐大的經濟利益。本文首先分析影響人力資源管理的政治和社會經濟趨勢，然後，討論它們對香港人力資源管理的影響以及相應的對策。

政治環境

自從1984年以來，保持香港的經濟繁榮已成爲英國和中國的主要政策目標。由於香港對中國有巨大的經濟貢獻，中國領導人希望能儘量避免採取對香港產生重大動盪的政策。

在1997年以前，香港政府爲維持香港經濟繁榮，將避免採取可能引發大規模政治或社會變動的政策。例如，在建立綜合老人退休金制度的爭論中，持續的經濟繁榮成爲一個主要的考量標準。香港政府不顧香港市民的意願，以及立法局中一些政黨的支持，收回支持現行退休工人的計畫，並批准一個強制性的個人退休金計畫。在這一政府決策背後的主要動機之一是維持現狀，而非冒險去攪亂已建立起來的政治、社會和經濟上的脆弱的平衡。

香港經濟成功的主要因素建立在個人的積極性、企業家精神和豐富的人力資源。事實上，香港的經濟發展是在政府很少干預的情況下獲得成功的。例如，在就業領域中，香港缺乏許多工業化國家都有的人事管理法規，諸如最低工資、老人退休金計畫、禁止性別與種族歧視和不平等辭退等。[1]隨著英國統治的結束及保守的中國領導作風的興起，香港政府將很不可能在就業範圍內改變其長期採行的不干預政

---

[1] D. Camppbell, Employment law, in Andy Welsh ed., *The Hong Kong manger's handbook*. (Hong Kong; Longman, 1994).

策。

　　明顯地，九七年以後政治的不確定性將給雇主帶來較高的商業風險，也給雇員帶來較高水平的不安全感。結果，雙方都可能對雇佣關係採取短期交易行爲。這可以用來解釋爲什麼香港雇主不願意花錢投資人力培訓和人力開發，也指出爲什麼員工跳槽成爲現今香港社會的風尙。[2]

社會和經濟趨勢

　　許多跡象表明，香港的經濟正與南中國迅速整合。從八十年代初期開始，爲了利用廉價的勞動力和地皮，許多香港製造業已遷移到中國內地生產。至1993年，在南中國的香港公司已雇用了三百多萬的工人。今天，中國經香港轉口的貿易額佔中國出口總額的40%，這一出口額，從1988-1993，增長了254%。[3]因此，香港爲中國做出了很大的貢獻。它不僅是中國最大的投資者，而且是中國通往國際市場的門戶。

　　這個經濟整合是雙向的。1993年，中國成爲香港的最大「外來」

---

[2] P. Kirkbride and S. Tang, *The present state of personnel management in Hong Kong* (Hong Kong; Management Development Center of Hong Kong, 1989).

[3] *Monthly Digest of Statistics*, Hong Kong Government, various years.

投資者，超過了英國、美國和日本的投資。[4]雖然有不同的估計，1993年，在香港的中國國家、省、市企業的總投資達到580億美元。自從1993年，中國國營企業不斷尋求在香港股票聯合交易所上市。這經濟整合將繼續到1997以後。

　　從1980到1992，450,000以上的香港人移民到澳大利亞、加拿大、美國和其他國家。雖然由於香港和南中國的經濟繁榮和澳洲及北美的經濟衰退，1993年香港移民人數較少，但是，移民仍然保持高的水平（1992年移民人數為66,000人；1993年為53,000人）。[5]隨著1997的逼近，移民將持續。但是，由於許多想移民的已移走，所以移民的數字不一定會升高，甚至會下降。值得注意的是，那些移民者大都是比較富有的、受過比較良好教育的和具有較高技術水平的人士。因此，香港的公司將可能繼續面臨喪失其管理和技術人員的挑戰。另一個值得注意的趨勢是，自從1991年起，已經有不少香港人回流，從而填補因移民造成的管理和技術人員的空缺。如果香港的政治經濟形勢保持穩定的話，回流的移民將可能持續不斷。當然，這大量的人員在國際間的流進與流出，意味著香港公司必須花費更多的財力和心力來招聘、培訓和維繫重要人才。

　　另一主要社會變化是在香港人力資源的供應上。為了應付人才外

[4] G. Shen, China's investment in Hong Kong, in Choi Po-King and Ho Lok-Sang eds., *The other Hong Kong report*, The Chinese University press, 1993, 425-454.

[5] R. Skeldon, Immigration and emigration: Current treands, dilemmas and policies, in McMillen, Donald and Man Si-wai eds., *The other Hong Kong report*, The Chinese University Press, 1994, 165-186.

流以及提高勞動力素質，香港政府實施了一項雄心勃勃，但耗資巨大的高等教育方案。在八十年代初期，僅有2%的中學畢業生被錄取就讀學位課程。至1995年，這一數字已是18%。結果，接受大學教育的員工將從1991年的173,000人（佔勞動力的63%）到2001年的320,800人（佔勞動力的10.3%）。[6]據估計，1997年以後，將有許多大學畢業生從中國大陸到香港來工作。這一高質量的勞動供給意味著香港將有良好教育的人力資源，而且人工成本的成長率會降低。相應地，對高薪聘請外國人來港工作的需求將下降。

　　在1993年，約1/5的香港勞工入工會。儘管這一比率相對於其它亞洲國家來說較高，香港並沒有積極的勞工運動。勞資衝突的水平低是香港勞資關係的一個突出特點。在1987至1991年間，因罷工而損失的工作天數，以每千名就業人員計，每年的平均損失僅一工作天。這是世界各國中最低的之一。導致香港工會運動弱的因素有以下幾個：(1)工會力量在政府中缺乏代表；(2)工會運動內部意見紛歧；(3)服務行業在經濟方面佔主導地位；(4)長期的勞力短缺，從而使工人可以通過跳槽而非通過集體談判的討價還價就能獲得較大的工資提昇。因此，香港的勞資關係主要依賴個人的雇傭合同，由雇主及雇員之間自由談判達成。在未來幾年中，我們可以預料香港的工會運動仍然是薄弱的，不太可能對勞力市場或政治方面產生重大的影響。

　　自從八十年代中期以來，香港的總勞動力增長很慢。例如，從1988

---

[6] *Manpower 2001 revisited*, Education and Manpower Branch, Government Secretariat, Hong Kong Government, 1994.

至1992年，勞動力數目從276萬增加至279萬人——四年中僅增加
1.1％。隨著香港經濟的繁榮，勞動力增長不足已導致低失業率（低於
2％），和嚴重的勞工短缺。近年來香港勞動力增長緩慢可能由下列原
因所造成：(1)低生育率；(2)高向外移民率；(3)低向內移民率；(4)人口
老化；以及(5)較低的勞動力參與率。爲緩和勞工短缺的難題，香港政
府在1992年實施的一項勞工輸入計畫，每年的勞工輸入額爲25,000人。
1994年，香港政府批准了一項從中國輸入1,000名技術和專業人士的方
案。與此同時，爲了新機場的興建，將輸入5,500名勞工，主要將來自
中國。直到1997年，香港的勞工市場將持續吃緊，然後，由於中國移
民的輸入而逐漸變鬆。

上述因素對人力資源管理的
影響及對策

　　以上對香港政治、經濟和社會環境的分析，揭示了一些在香港經
營的公司所面臨的人力資源管理的挑戰。當前香港的人事經理最關心
的問題有以下幾個：實施人力資源規畫、克服高雇員「跳槽」率、招
聘有特殊技能的人員，以及如何挑選和培訓這些雇員。我們將依次討
論這些問題。

一、實施人力資規畫

　　隨著九七年的來臨和往後，香港的不確定性和它所伴隨的不安感

可能變得越來越嚴重。不少在香港的管理或專業人才已獲得外國護照或獲准移民。這些人現在正在思考去留的問題。影響他們最終決策的一個主要因素是他們覺得留在香港還是移民到外國去對其事業的風險和發展更有利。因此，管理者不僅要注意香港的勞工市場情況，而且要留意美國、加拿大、澳洲、紐西蘭與新加坡等最流行的移民國的勞工市場情況。對於管理當局來說，很重要一點是要與其雇員建立互相信任的關係，以致他們願意透露他們的將來計劃。對於那些選擇移民的雇員來說，管理當局可用各種方式與他們保持聯絡，以備一些人可能願意再回來。

　　既然關鍵性的雇員的流失是不可避免的事，在未來幾年中，後備人員養成計畫應成為人力資源管理中的當務之急。尤其是對正在實施本土化的公司而言，後備人員的養成計畫更形重要，應及時培訓大量的本地雇員以確保高級職位後繼有人。例如，香港政府已經著手進行一項強有力的本土化措施，包括對本地員工的後備性的培訓。

二、克服高員工流動率的負面影響

　　由於九七所帶來的不確定性，香港居民對雇傭關係保持一種短期觀點。在九十年代中，許多行業的員工流動率徘徊於20％左右。而在零售業，該數字更高達50％。今日的香港，員工跳槽不僅被社會所接受，而且被視為時髦。隨著不斷的移民和勞工市場的短缺，在未來幾年中，雇員的流動率仍將保持高水平。在當前不確定的氣候中，管理當局很難有效實施旨在建立長期人力隊伍的人力資源管理計畫。相反

的，現實的作法應是採取行動來緩和高流動率所帶來的負面影響。首先，所有的重要職務應有全面的文字資料記錄，以便新員工能夠容易接手跳槽者的工作。其次，經理應花時間去詳細熟悉下屬的工作，以便在必要時他們能培訓新手。再次，所有的關鍵性職位應有多個後備人選。這可以通過實施職務輪換、跨崗位培訓，以及工作小組團隊等來實現。

三、加速本土化

最近幾年來，在香港的外資公司，由當地人來作主管的情況迅速增多。這一本土化（即使用本地人替代外國雇員）的趨勢主要基於下述三個原因：(1)成本的考慮；(2)當地人才的可獲得性；(3)公平的考慮。通常來說，一個外國公司派來的人的報酬是雇用一個相同港勞的本地人的兩倍。隨著香港本地勞的教育水平的提高以及普通話在與中國做生意方面的重要性的提高（見下文），本土化在未來幾年中很可能會加快。

四、招聘具有與中國有關的特殊技能和知識的員工

隨著香港與中國的進一步整合，香港公司的中國業務將會越來越多。由於中國與香港的商業環境差別頗大，為了將來在香港維持競爭能力，公司需要招聘具備與中國有關的特殊技能和知識的員工。

與香港不同，中國的商業語言不是英語而是普通話。由於多數中國內地經理不懂英語，所以，不懂普通話，將成為香港雇員與中國公

司建立良好商業關係的障礙。語言的重要性可通過下述的觀察反映出
來。儘管香港商人比台灣商人早五年進入中國大陸市場，但前者主要
集中在主要講廣東方言的廣東省，而後者却已滲透到全中國許多地
區。台灣商人之所以能成功打入大陸各地區的關鍵在於普通話的技
能。由於香港的學校不教或不用普通話，許多香港人不會講，甚至聽
不懂普通話。相反，在台灣，普通話不僅是學校的教學語言，而且是
官方語言。這一語言的技能無疑使台灣人較容易與全中國內地做生
意。

　　中國的法律體制與香港以及許多工業化社會不同，目前還處於初
步發展階段。由於法律體制不健全，法治的含意在中國不同於香港及
其他工業社會。[7]最近中美雙方為侵犯版權事件而起的爭議，就是一個
肇因於法律體系不同的衝突。由於法治的精神薄弱，再加上市場經濟
尚未全面生根，靠關係做生意在中國比在其他工業化社會更為流行。
因此，成功的經營者一定要具備對中國政商環境的深刻理解，以及建
立良好關係的能力。

　　一般來說，在香港很難找到願意長期駐派中國的職員。因為移到
中國去工作者，將不得不與其原來的社會圈子，甚至家庭分離，而且
他們還必須調整生活方式以適應新的環境。如果派往中國的雇員中途
辭職，將會給公司帶來很多的麻煩並招致財物上的損失。因此如何能

---

[7] C. Loh, The implementation of Sino-British Joint Declaration, in McMillen, Donald and Man Si-wai eds., *The other Hong Kong report*, The Chinese University Press, 1994, 61-74.

發展出一套可靠而又有效的招聘程序，以挑選適當的人選派赴中國，
這是至關重要的事情。除了與職位有關的知識、語言能力外，其他條
件，諸如個人性格、對被派往中國工作的態度、以前在海外服務的經
歷以及家庭背景，都將有助於挑選最合適的人選。不幸的是，到那裡
才能找到具有中國特殊技能和知識的人才呢？許多總部設在美國的跨
國公司最近發現許多旅美華人正是理想的人選。他們出生和成長於中
國社會——中國大陸、香港、新加坡和台灣——後來到西方接受高等
教育和尋求較好的工作機會。這些人具備西方的教育、西方的工作經
驗、中國背景以及關鍵的語言能力（英語和普通話），他們十分適合於
做與中國有關的業務。例如，Allied Signal、Motorola和Dow Chemical
等大公司，其中國業務的主管都由這些美籍華人擔任。

五、發展新的招聘和甄選員工的方法

對於那些打算從中國雇用人員的公司來說，有必要發展出一套新
的招聘和選人程序。在這方面有兩個困難需要被克服。首先，大多數
身在香港的人力資源管理人員不熟悉中國的雇佣情況。由於缺乏經
驗，他們很難評價中國申請人的學業和專業資歷。由於中國行業組織
的結構和職業規範和香港相去甚遠，使得判斷申請人是否具有合適的
工作經驗成為難事。其次，由於招聘過程通常發生在中國，香港的職
員將不得不跑到中國去從事對申請人的考核或面試的工作。如果沒有
子公司在當地經營，他們在中國將面臨缺乏足夠的文員或管理人員的
協助。由於時間的限制，他們常常匆忙結束挑選過程。

上述兩個障礙將降低甄選程序的有效度。由於香港的工資較高，申請到香港公司工作的大陸申請者甚多，這將使事情更糟。香港負責人事管理的職員，將會被從大量的申請人中挑選合適人選這一耗神的工作搞得昏頭轉向。由於香港長期存在勞工短缺的問題，許多公司沒有篩選大量申請人的具體的招聘程序。事實上，許多香港公司主要依賴面試而非系統地考核來篩選申請人。面臨中國不同的勞動市場情況，香港公司應該投放一定的資源，以制定可靠和有效的篩選考核方法。

六、設計特別的培訓方案（課程）

由於人事不斷變化，在香港經營的公司有必要為下列幾類雇員設計特別的培訓方案。

·從大陸來的工人

由於香港工作的大陸人將越來越多，對這些人的培訓範圍必將擴大。培訓內容不僅包括與工作相關的技能，而且包括如何適應香港生活、香港人的價值觀和信仰，以及社會準則等。另外，主管人力資源的專業人士可能要充當協助這些人解決個人和家庭問題的輔導員角色。

·新的大學（專）畢業生

正如上面所述，隨著香港大學教育機會的增加，大學（專）畢業生佔求職申請者的比例將會增大。這一類人將需加以特別注意。當大學（專）畢業生稀缺時，許多僅具有高中文化程度的職員就由低層幹

起，被提昇上來作經理職位。而今天，大學（專）生却進到公司當「實習生」。當他們成爲經理時，許多人會缺乏他們前任所具有的實戰經驗。所以，很有必要設計專門的培訓方案，去提高他們的實戰經驗。

・派駐中國的香港職員

對於那些有派香港職員駐往中國的公司來說，應設立幫助這些外派人員適應商業環境和新的社會生活的培訓課程。例如，由於許多香港職員不會講普通話，應提供普通話的強化課程。同理，這些培訓和開發課程的範圍該拓寬，包括與中國的經理和官員一起工作的知識和技能。不幸的是，許多香港公司在此方面，經驗甚少。但隨著九七年的來臨，此問題應該抓緊著手處理。

・失業的工人

爲了降低成本，香港的工廠不斷搬進大陸，從而使製造業的雇員失業。1992年，香港政府制訂一個「雇員重新培訓方案」，旨在對正在走下坡路的行業的工人進行重新培訓，從而使他們能受雇於其他行業。明顯地，公司很有必要提供內部培訓課程以幫助雇員從製造業轉移到勞務行業去就業。從社會的角度來看，相對於大量辭退或由於缺乏相應的技能而增加失業來說，提供重新培訓無疑是更適宜解決問題的途徑。

・追求第二學位的大學（專）畢業生

由於大學敎育越來越普及，越來越多的雇員將願意獲得第二學位。許多在香港公司已有資助或提供假期讓其職員去進修的計畫。今後，爲了吸引和留住最好的人才，公司可能要積極地爲雇員提供取得

第二學位的機會。例如，有的香港公司已與海外的大學合作，爲其雇員舉辦專門的工商管理碩士課程。這一趨勢將可能持續至九七年以後。

七、管理來自中國的員工

在今後的香港，大陸勞工的流入將對人力資源管理帶來特殊的挑戰。雖然香港和大陸的工人具有相似的文化背景，但是幾十年的隔離——香港實行資本主義制度而中國大陸實行社會主義制度——使兩地的勞工的差別很大。與從大陸來的工人相比，香港的雇員比較個人主義化，習慣於個人負責所委派的任務，以及能適應長時間的工作。對於管理這兩類不同勞工的經理來說，所面臨的挑戰是：如何能讓這兩類員工充分發揮各自的長處？如何能平衡個人與團體的需要？如何能確保團隊合作無間？如何能增進彼此的溝通與交流？最終的目的是創造一個雙贏的企業文化。

八、制訂彈性（靈活）的獎酬方案

如前所述，香港工人對雇佣關係向來採取短期觀點。多年來由於香港政府並不積極強制企業改善員工福利，加上低稅率，香港工人寧願要眼前的現金而不要優厚的福利。相對於其他工作社會來說，大陸雇主所提供的福利很少，僅佔總勞動成本的一小部份。這種趨勢將會繼續下去。此外，公司也將需要探索如何能把員工表現與現金報酬結合掛鈎，以激勵雇員。簡言之，九七後的獎酬方案需要靈活化，應同

時考慮工作的性質和雇員的偏好。

結　論

　　在未來的兩年，以及九七年後的幾年中，香港社會的許多方面都將發生史無前例的轉變。在此一動盪的環境下，香港公司即將面臨寬廣的機會和艱鉅的挑戰。在這一變動的環境中管理人力資源，企業主管人員所面臨的最大挑戰是：如何吸引和保留一批能積極利用香港和大陸的商業機會的高質量人才。儘管1997年中國回收主權過程中將帶來不確定因素，我們認為香港將發生的許多變化是可預料的。主管人力資源的企業管理人員有責任採取積極的辦法，有計畫的迎接挑戰並解決問題。對於那些能有效地管理這些人力資源問題的公司來說，隨著香港和南中國持續繁榮，它們的前途是不可限量的。

合資企業之人力資源管理模式及發展策略

王重鳴

杭州大學管理學院

〈摘要〉

　　現代管理的重要趨勢是日益注重人力資源管理與開發的新模式和策略。本文通過對浙江省30家不同體制和規模企業的現場研究，採用問卷測量法、結構訪談法、個案研究法和資料收集法，分析了不同企業背景下人力資源管理模式及有效策略，不同類型合資企業的組織文化特點、管理風格和管理效能。同時，深入考察了合資企業管理環境條件下的人力資源管理模式及特點，包括人員選配、激勵制度、團隊管理和培訓方案等方面。文章還探討了影響台資企業管理水平的若干因素以及外派經理人員的適應與管理，發現人力資源管理對不同的績效指標有不同的作用，並討論了研究結果對企業管理的理論和實際意義，討論了增進兩岸企業經貿與企業管理效能的實際途徑與發展策略。

一、引言

　　隨著中國經濟體制改革的深入發展，國有企業、合資企業和鄉鎮企業等各類企業在管理體制和人員結構等方面都發生了巨大的變化。特別是合資企業的蓬勃發展，在人力資源管理方面提出了新的挑戰，並越來越爲管理者所重視，成爲現代管理科學研究與應用的重要課題之一（Child, 1988; Campbell & Henley, 1990; Wang, 1990, 1992; Wang & Pan, 1992; Stewart, 1994; 王重鳴，1994a, 1994b; Warner, 1996等）。Warner（1996）從中國企業改革、人力資源和勞動法的角度，分析了對合資企業的人力資源管理提出了新的問題和解決途徑。王重鳴（1988, 1994a）通過對中外合資企業人力資源管理診斷與決策效能預測，提出完善中外合資企業管理效能的有效策略，即技能策略、系統策略和參與策略，並且認爲，運用相應的優化策略，可以顯著增加中外合資企業的發展潛力和管理效能，不斷適應新的市場需求和競爭。Kamoche（1997）則通過對過去五年國際人力資源管理（IHRM）的回顧，強調了合資企業人力資源管理作爲一種學習過程和知識創新的機會。

　　Hofstede（1984）通過大規模的跨文化研究，總結出四大文化特徵度：(1)男性度—女性度，(2)個人取向—集體取向，(3)權力距離，(4)不確定性規避。這些文化特徵會對人力資源管理模式發生顯著的影響。

Quinn （1988）提出一個獨特的組織文化模型，用兩個維度分別表示組織活動重心（內在重心和外在重心）和管理導向（靈活性和控制性），形成一個連續的多種導向的組織文化組合，即目標導向、革新導向、支持導向和規則導向。以往研究側重於人員心理特點的具體測量，評估方法的比較，局部的職務分析和技術培訓，較少從管理戰略的角度和權變的思路去分析與研究人力資源管理的模式。尤其是有關人力資源管理應如何與企業發展目標及發展戰略相匹配，如何進一步調動員工的積極性、創造性，充份發揮員工的潛力，如何充份利用企業人力資源提高企業效益等關鍵問題，都有待作系統的實證研究。

人力資源管理主要包括人員選拔與配備、報酬與獎金制度、績效考核程序、人員培訓設計與實施、職業發展與晉昇、目標管理、參與管理和質量管理等。本文從系統、戰略、權變的角度分析不同企業人力資源管理的模式，以便為交叉文化管理條件下增強管理效能提供新的理論思路和解決問題的實際措施。本研究的若干假設如下：

1.企業的經營戰略不同，人力資源管理的模式與側重不同；

2.同組織體制企業下，人力資源管理形成各自的模式；

3.企業的績效水平與其人力資源管理模式有密切的關係；

4.人力資源管理的不同方面，對企業組織績效有不同的作用。

本研究對浙江省30家不同體制與規模的企業（包括國有企業、合資企業、鄉鎮企業）中的高層領導和部門經理，從多層次、多角度、多方面了解企業的基本管理狀況和人力資源管理情況。研究採用結構化訪談、問卷測量和個案研究方法，同時作背景資料收集。本研究所

採用的問卷量表在以前的具體研究中已作過完整的修訂。本研究的訪談提綱也已在以往具體研究的基礎上加以修改和補充。研究分兩個階段進行：

第一階段，對浙江省寧波地區、溫州地區和杭州市的30家企業分別進行現場調研，同時進行結構化訪談、問卷調查和背景資料收集，著重於企業的管理戰略和人力資源管理情況。

第二階段，對現場訪談所得的資料進行加工，通過典型個案的定性比較分析和對調查問卷的定量分析，考察不同管理條件下企業的發展戰略、人力資源管理模式和人力資源管理特點與組織績效之間的關係。

二、個案分析

個案研究主要集中於對少量企業的整體情況作出比較全面、深入、詳盡的考察和研究，涉及理論與實踐，日常經驗和普遍原理之間關係的探討。「經驗的方法是尚未形成規律的、個別的具體方法，是規律的例外，發明的玄機，實踐優於理論是很顯然的」（陳立，1994）。本研究試圖從不同管理背景下的成功企業著手，以結構化訪談、問卷和資料收集為基礎，具體分析其發展狀況和內在管理機制，為進一步完善合資企業人力資源管理以及促進經營效能，提供理論原則和實際依據。

個案1：某汽車部件製造廠

　　某汽車部件廠是一家國有企業，擁有450名員工，全部具初中以上文化程度，有助理工程師以上職稱的技術人員68人，中層管理幹部全部由助理工程師以上技術人員擔任。該企業兩年前曾憑經驗管理，持續虧損，瀕臨破產，後被某汽車製造公司兼併。母公司派一常務副總經理主管該企業。這位副總經理極具開拓精神和務實精神，並有豐富管理理論知識和實際經驗。因此，企業重視員工文化技術素質的提高，有計劃地對上崗知識、操作技能及有關專業知識開展培訓，同時，注重培養員工的創造意識，讓員工參與管理，體現其主人翁精神，並通過職代會討論一些制度的制訂和參與某些重大決策，充份發揮科技人員積極性，根據員工對企業的貢獻給予合適獎勵。公司還建立自己的人才庫，提倡競爭上崗，根據企業的發展階段和人員的實際狀況規劃人力資源管理，並通過加強目標管理，使員工的個人目標和企業目標相協調和結合。企業對各種生產與經營活動和業績考核，都有嚴格的規章制度，各部門職責明確，嚴把質量關，使得利潤從1996年起每年翻番。然而，該企業也有不足之處：產品較單一，相對來說缺乏競爭力。企業的管理體制採取董事會領導下的分職能負責制，在總經理、常務副總經理之下，由三位副總經理分別管理(1)製造部、供應部、質檢部；(2)人事行政部、保障部；(3)財務部、銷售部。可見，企業被兼併後，更換重要管理幹部，形成新的管理思路，注重長期的人力資源投資和培訓，採用「低工作─高關係」的管理風格，對員工和企業都

採取了戰略性管理。

個案2：某銅閥門有限公司

　　某銅閥門有限公司是一家中美合資公司，在同行業中位居第一。公司創立於90年代初，共有1040名員工，其中，專業技術人員122人，管理人員94人，文化層次高且年齡較輕。各部門經理都具有中級職稱。公司領導人有戰略眼光，從成立到現在，每年以170%的速度擴大。總經理注重質量管理，一方面注重培養員工的技術和質量意識，另一方面強調管理人才的培養，在企業內部形成人才梯隊，內部替補、公平競爭、賞罰分明的管理模式。公司逐年總結信息，對市場作出預測，根據市場需要和企業目標，確定市場目標，進行戰略性規劃。分解大目標，形成小任務，層層落實，圍繞企業方針目標展開工作，開展凝聚力工程，鼓勵職工參與工廠管理，提供「金點子」和對產品提出革新建議，形成「人無我有、人有我精」的產品管理。注重員工培訓，鼓勵在職讀書，學費報銷，並輸送骨幹到外地培訓，每年對中層管理幹部進行考核，不稱職則要求他們提高自己的素質，否則撤換。同時，企業還注重複合型人才培養，並對此提出需求。因而，企業已形成團結、敬業、堅韌、創造等理念。公司採取總經理負責下的分職能管理體制，由總經理直接管理人事部、事業部、製造部、財務部、供應部、銷售部、研究部、行政部。可見，企業注重戰略管理和企業內部人才梯隊建設，形成合理的人員結構，提倡員工參與管理，強調質量管理、目標管理和市場預測。

個案3：某集團公司

該公司位於浙江溫州，始創於1984年7月，是一家鄉鎮企業集團公司。現有成員企業46家，是一個跨國、跨地區、跨行業的經濟聯合體。在管理戰略方面。集團公司堅持兩個優勢：

(1)股份合作制產權明晰、機制靈活的優勢；

(2)低壓電器為主導產品的優勢。

集團公司還推行兩個戰略：

(1)名牌戰略；

(2)規模效益戰略。

集團公司旨在實現建成國家級集團的世界著名電器企業之一的戰略目標。公司從企業自身特點和發展經驗出發，提出以「重才、務實、競爭、創新」為宗旨，強調開拓精神和務實精神。積極吸引大、中專畢業生，採用靈活的人事錄用方針，高薪招聘技術人員和一些政府部門離退休的管理人員。以技術和管理作為企業轉動的兩個輪盤，同時，就地培養員工，提高員工整體素質，還專門成立智囊團，以彌補自身文化程度不高和精力的不足。在公司內大力弘揚團結互助精神，通過各種方式向員工輸灌企業的價值體系、信念、宗旨、經營原則及模範人物教育，促使員工認同於組織的價值觀，使每個人都意識到企業的特點與道路，公司的管理和經濟核算情況及廣告售後服務的要求，並強調九五規劃和各部門的規劃，並從生活條件、福利勞動條件、文化娛樂等方面創造條件，以滿足員工的需要，使員工在日常生活和情感

和生活方式上對企業產生依賴，安心工作，專注於組織目標的實現，同時，嚴肅工作紀律，尤其重視質量管理體制、獎懲制度和績效考核制度。但由於國內市場競爭不規範，許多同行企業在降低質量要求的基礎上進行低價競爭，給企業帶來一些麻煩。現在，公司正面臨第二次創業，因而組織結構要發生變化。該企業注重戰略管理、情感管理、民主管理、自主管理、人才管理和文化管理。

三、企業戰略與人力資源管理政策及模式相適應

有關訪談和問卷資料的分析表明，國有企業由於歷史比較悠久，設備比較陳舊，員工長期受計劃經濟的薰陶，在管理觀念上適應市場經濟還需一段時間；同時，相對來說，企業的技術力量比較扎實，基礎比較雄厚，只是缺乏有效的組織創新與開發。因而，國有企業比較傾向於**革新驅動戰略**；合資企業由於建廠時間不長，設備比較新，但經營環境不很理想，缺乏一批有能力且忠誠的中層管理人員，因而傾向於**質量驅動戰略**；鄉鎮企業由於員工的整體素質和產品技術含量低，但利用「船小好調頭」等優勢，也佔有一席之地，相對傾向於**費用成本驅動戰略**，如**表一**所示。企業在不同的階段趨向於不同的戰略重點，表現從**費用成本戰略**到**質量驅動戰略**，再從**質量驅動戰略**轉向**革新驅動戰略**。

表一　戰略類型、員工行爲要求和人力資源管理政策之間的關係

戰略管理類型	員工行爲要求	人力資源管理政策
革新戰略	創造性行爲，長期定向的行爲，職員之間相互合作，中等程度關心產品的質量和結果	重視員工之間合作和協調，重視技術交流，績效評價以部門考核爲主，強調企業內部平等，工資組成部份較多但偏低，調動方便，較好的技術基礎，廣泛培訓
質量戰略	可重複的標準化操作，中期定向的行爲，高度關心質量，適度關心數量和結果，重視組織目標實現	相對固定明確的工作說明，參與工作設計和工作任務決策，個人和部門相結合的結果，定向的績效評價，平等的待遇和良好的福利，良好的培訓
費用成本戰略	簡單的操作，短期定向的行爲，高度重視數量和結果	固定且明確的工作要求，鼓勵專業化技術和高效率，短期結果導向的績效評價，報酬與績效密切結合，最低限度的培訓員工

四、人力資源管理模式與組織績效的關係

　　本研究採用「人力資源管理診斷量表」對企業人力資源管理模式進行了系統的評價。該量表包括人力資源管理的8個主要方面，即人員選拔與配備、人員培訓、績效考核、報酬與獎金制度、目標管理、參與管理、質量管理、職業發展與晉昇等。每一方面包含四個基本成份：

　　⑴人員選拔與配備：選拔程序的規範性、測驗工具的完備性、職務崗位要求的明確性、招聘與任職要求的關聯性；

　　⑵人員培訓：上崗培訓計劃的針對性、培訓需求分析的具體性、培訓方案實施的規範性、培訓效果評價的系統性；

　　⑶工作績效考核：工作成績考核的經常性、成績考核表格的規範性、績效考核標準的明確性、考核結果與獎勵的密切性；

　　⑷報酬與獎金制度：報酬與個人績效的密切性、獎金與團隊業績的關聯性、報酬與企業效益的密切性、獎金與職務級別的關聯性；

　　⑸目標管理：工作目標體系的具體性、職工參與目標制定的程度、目標被職工接受的程度、工作目標考核的規範性；

　　⑹參與管理：參與管理規章的完備性、工會參與管理決策的程度、員工實際參與管理的程度、員工對企業狀況了解程度；

　　⑺質量管理：質量管理制度的完備性、質量小組活動的經常性、質量對績效評估的影響、質量管理培訓的經常性；

(8)職業發展與晉昇：晉昇機會的定期性、新職業發展機會經常性、企業內部員工的流動性、企業外部員工的流動性。

此外，本研究採用以往研究中證明行之有效的《組織績效量表》。該量表，主要包括與同行業其他公司相比在以下7個指標上的工作績效：

(1)市場的縮小與擴大程度；

(2)盈利或虧損的程度；

(3)競爭能力的強弱程度；

(4)完成任務的好壞程度；

(5)想調離的人員的多少；

(6)周圍大多數人對本公司工作成績的滿意程度；

(7)預計本公司規模將擴大的程度。

為了確保測量質量，對「人力資源管理診斷量表」測量的內部一致性α信度係數指標作出信度分析。結果分析表明，測量指標具有較高的信度。**表二**為「人力資源管理診斷量表」各測量指標的內部一致性α信度係數。**表三**是因素分析的結果，也驗證了測量指標的基本理論構思效度。

表二　「人力資源管理診斷量表」各指標的一致性係數

量表	因素	α 係數
人力資源管理診斷量表	人員選拔與配備	0.76
	人員培訓	0.90
	報酬與獎金制度	0.79
	績效考核	0.77
	目標管理	0.83
	參與管理	0.87
	質量管理	0.89
	職業發展與晉昇	0.66

表三　「人力資源管理診斷量表」的因素分析

項目	荷重	因素名	項目	荷重	因素名
質量管理培訓的經常性	.83	質量管理	選拔程序的規範性	.87	人與員配備選拔
質量小組活動的經常性	.82		人事測驗工具的完備性	.74	
質量管理制度的完備性	.79		職務與崗位標準明確性	.62	
質量對績效評估的影響	.63		對任職要求的明確性	.59	
獎金與職務級別的關聯性	.77	報酬制度與獎金	工作成績考核的經常性	.69	績效考核
報酬與企業效益的密切性	.77		成績考核表格的規範性	.64	
報酬與團隊業績的密切性	.74		績效考核標準的明確性	.62	
報酬與個人績效的密切性	.69		考核結果與獎金密切性	.62	
上崗培訓計劃的專門性	.81	人員培訓	晉昇機會的定期性	.67	職業與晉昇發展
培訓方案實施的規範性	.79		企業內部員工的流動性	.66	
培訓需求分析的具體性	.77		企業外部員工的流動性	.65	
培訓效果評價的系統性	.66		新職業發展機會經常性	.57	
工會參與管理決策的程度	.77	參與管理	目標考核的規範性	.64	目標管理
員工實際參與管理的程度	.76		員工參與目標制定程度	.62	
員工對企業狀況的了解	.66		工作目標體系的具體性	.56	
參與管理規章的完備性	.58		目標被員工接受的程度	.58	

五、人力資源管理模式的總體分析

1、「人力資源管理診斷量表」各因素的平均數和標準差

表四表示了「人力資源管理診斷量表」各因素的平均數和標準差。可以看到，在人力資源管理的八個診斷指標中，質量管理的得分最高，而職業發展與晉昇的得分最低。

表四的結果表示了企業人力資源管理的實際情況。八個主要因素

表四　「人力資源管理診斷量表」各因素的平均數和標準差

因素	M	SD	因素	M	SD
質量管理	4.01	.79	人員培訓	3.67	.65
報酬與獎勵制度	3.85	.65	目標管理	3.50	.62
人員選拔與配備	3.74	.50	參與管理	3.28	.60
績效考核	3.70	.63	職業發展與晉昇	2.86	.59

的得分說明，目前各企業都比較重視人力資源管理。在質量管理、報酬與獎勵、人員選拔與配備、績效考核、人員培訓等方面的得分較高，反映了企業領導人對於保證產品質量、提高工作士氣、發揮其內在潛力、考核目標績效、強化員工素質、注意長遠投資的高度重視。而對職業發展與晉昇、參與管理、目標管理，還應著力加強。

　　表五為企業工作績效的平均數和標準差，說明在7種工作績效指標中，任務績效和人員績效較高，而盈利程度和投資規模擴大方面的績效較低。

表五　企業工作績效的平均數和標準差

工作績效指標	平均數	標準差
市場範圍擴大程度	3.74	.97
盈利或虧損的程度	3.05	1.11
競爭能力強弱程度	3.57	.95
完成任務好壞程度	3.82	.76
員工離職傾向程度	3.90	1.01
工作成績滿意程度	3.64	.79
預計規模擴大程度	3.27	.93

N＝77

2、方差分析

　　本研究運用方差分析來檢驗不同類型工作績效的企業在人力資源管理各指標上的差異，從而通過方差分析確定人力資源管理各因素是否對管理效能有重要影響。

　　分析結果表明，晉昇與發展、獎勵與報酬對於市場效能指標具有顯著作用（表六），前者與內在激勵有關，而後者則從外部激勵的途徑，促進市場銷售績效。從表六可以看出，獎勵與報酬對市場方面影響比較大，說明目前一些企業重獎有成效的營銷人員有其實際的考慮。要

想搞好市場銷售，企業還應讓有關人員參與到管理中來，給其晉昇與
發展的機會。

表六　人力資源管理各指標對市場效能指標的作用

變量	平方和	均方	F	p
晉昇與發展	2.37	1.19	2.92	.05*
獎勵與報酬	3.14	1.57	3.60	.04*

*$p < 0.05$

此外，分析還表明，人力資源管理各指標中的績效考核和獎勵報
酬是造成企業員工離職傾向的重要因素。**表七**說明，一個企業能否留
住人才，要看對企業有無一套嚴格、規範的績效考核系統，是否根據
考核的情況給予公平的獎勵。同時，該企業的離職情況還會受企業本
身的知名度、領導的領導風格和企業的發展前景等因素的影響。

表七　人力資源管理各指標對離職傾向指標的作用

變量	平方和	均方	F	p
績效考核	5.26	2.63	4.32	.02*
獎勵與報酬	3.76	1.88	2.82	.05*

*$p < 0.05$

從**表八**可以看出，一個企業要想發展、擴張自己的規模，首先得
注重人力資源的晉昇與發展的工作，調動員工積極性，挖掘他們的潛
力，在企業內部形成合理的人員結構；同時，注意使員工的工作目標

與企業目標協調一致，沿著共同的方向努力，讓員工參與到管理中來，嚴把質量關。

表八　人力資源管理各指標對預計企業投資規模擴大指標的作用

變量	平方和	均方	F	p
晉昇與發展	4.01	2.01	3.66	.04*
目標管理	3.11	1.56	2.74	.05*
人員選拔與配置	3.28	1.64	2.93	.05*

*$p < 0.05$

3、迴歸分析

本研究採用迴歸分析進一步確定人力資源管理各因素指標對於工作績效各指標的作用。結果表明，獎勵與報酬因素對企業員工的離職傾向有顯著效應（**表九**）。

表九　對企業離職傾向的迴歸分析

進入迴歸方程的變量				複相關係數R＝.43
	B	β	t檢驗	決定性係數R＝.18
獎勵與報酬	.56	.43	.02　常數：1.83	R的檢驗F＝5.98，P＝.05*

此外，人員選拔與配備因素則對預計投資規模擴大程度具有顯著的影響（**表十**）。

表十　對預計本企業投資規模擴大指標的迴歸分析

進入迴歸方程的變量				複相關係數R＝.43
	B	β	t檢驗	決定性係數R＝.19
人員選拔與配備 .68		.43	.02　常數：5.96	R的檢驗F＝6.14*

六、不同組織體制下企業人力資源管理診斷指標的方差分析

　　本研究還對不同組織體制下企業的人力資源管理診斷指標進行了比較和方差分析。**表十一**是這一分析的主要結果。

表十一　不同組織體制下企業人力資源管理診斷指標的方差分析

變量	平方和	均方	F	p	M(平均數)		
					鄉鎮企業	合資企業	國有企業
獎勵與報酬	1.54	.77	1.94	.16	3.55	4.09	3.87
績效考核	2.46	1.23	3.73	.04*	3.26	3.69	4.11
目標管理	2.33	1.16	3.43	.05*	3.16	3.51	3.85
參與管理	.26	.12	.34	.72	3.19	3.26	3.42
職業發展與晉昇	.38	.19	.53	.60	2.71	2.90	2.99
質量管理	3.64	1.82	3.33	.05*	3.59	4.41	4.00
人員選拔與配置	.76	.37	1.55	.23	3.56	3.73	4.06
人員培訓	3.42	1.71	5.30	.01**	3.26	3.69	4.11

*p＜0.05　　**p＜0.01

　　表十二為不同績效水平的企業在人力資源管理方面的比較。結果表明，績效考核標準的明確性、考核結果與獎勵的密切性、工會參與管理決策的程度、晉昇機會的定期性、質量對績效評估的影響度和人

事測驗工具的完備性等人力資源管理內容與工作績效的高低具有顯著的作用。可見，企業有關人力資源管理的工作規範程度，在很大程度上說明了企業工作績效的結果。對於效益不佳的企業，應著重考慮一下企業的績效考核標準是否明確，考核的結果與獎勵的聯繫緊密與否，訂立的目標是不是比較規範，有沒有激發員工的主人翁精神，讓其參與到管理中來，有沒有合理的調配員工，使員工對於企業的發展具有充份的信心。

表十二　項目水平不同績效企業人力資源管理的方差分析

變量	平方和	均方	F	p	M(平均數)		
					低績效	中等績效	高績效
績效考核標準的明確性	3.08	1.54	5.70	.01**	3.00	3.67	4.14
考核結果/獎勵的密切性	5.74	2.87	3.08	.05*	2.00	3.57	3.79
目標考核的規範性	4.32	2.16	2.65	.09	2.25	3.64	3.48
參與管理規章的完備性	1.61	.81	2.39	.11	2.75	3.64	3.50
工會參與管理決策的程度	5.35	2.67	3.52	.04*	2.00	3.21	3.12
晉昇機會的定期性	3.96	1.98	3.76	.05*	3.00	3.05	3.57
新職業發展機會的經常性	4.01	2.00	2.65	.09	1.75	2.88	3.29
質量對績效評估的影響度	4.42	2.21	2.98	.05*	3.00	3.88	4.07
報酬與企業效益的密切性	3.57	1.79	2.84	.08	2.75	3.93	4.02
獎金與職務級別的關聯性	2.99	1.49	2.38	.11	3.25	4.29	4.02
人事測驗工具的完備性	3.42	1.71	4.10	.03*	2.25	3.02	3.36

*$p < 0.05$　　**$p < 0.01$

　　對於不同組織體制下企業的人力資源管理項目的方差分析也表明，在績效考核標準明確性、考核結果與獎勵密切性、目標被員工接受程度、質量對績效評估影響、晉昇機會定期性、上崗培訓計劃專門

性、培訓方案實施規範性和培訓效果評價系統性等方面，在不同體制下表現出顯著的差異。

值得指出的是，合資企業與國有企業相比，似乎在許多程序性的人力資源管理指標方面表現出較高的得分，例如；質量對績效評估的影響、晉昇機會的定期性、培訓方案實施的規範性等；而在某些具體結構性的人力資源管理指標方面，國有企業居於較高水平，例如，目標被員工接受程度和上崗培訓計劃專門性等。具體結果見**表十三**。

表十三　不同組織體制下企業的人力資源管理項目水平的方差分析

變量	平方和	均方	F	p	M(平均數)		
					國有企業	合資企業	鄉鎮企業
工作成勣考核的經常性	3.56	1.78	2.70	.09	4.28	3.45	3.65
績效考核標準的明確性	2.06	1.03	3.35	.05*	4.06	4.35	3.40
考核結果與獎勵的密切性	7.72	3.86	4.51	.02*	3.94	4.00	2.90
目標被員工接受的程度	4.99	2.50	5.53	.01**	4.22	3.36	3.30
質量對績效評估的影響	6.80	3.40	5.19	.01**	4.11	4.27	3.20
質量管理培訓的經常性	5.34	2.67	3.18	.06	3.89	4.41	3.40
晉昇機會的定期性	4.26	2.13	4.35	.02*	4.00	4.23	3.35
人事測驗工具的完備性	2.41	1.21	2.66	.09	3.28	3.23	2.65
上崗培訓計劃的專門性	4.22	2.11	4.37	.02*	4.39	4.18	3.50
培訓需求分析的具體性	2.06	1.03	2.36	.11	3.27	3.83	3.25
培訓方案實施的規範性	4.14	2.07	4.23	.03*	3.86	4.22	3.30
培訓效果評價的系統性	4.74	2.37	5.70	.01**	4.00	3.45	3.00

*$p < 0.05$　　**$p < 0.01$

可見，不同組織體制的企業，由於各自不同的基礎和發展過程，以及不同的人力資源構成，其人力資源管理尚處於經驗式的階段，許多方面尚待完善。

　　表十四是對不同組織體制（國有企業、鄉鎮企業和三資企業）與不同效益（低效、中效、高效）的企業，在人力資源管理項目方面的比較與方差分析結果。可以看到，在諸如績效考核標準明確性、考核結果與獎勵密切性、晉昇機會定期性、質量對績效評估影響、質量管理培訓經常性、報酬與企業效益密切性、報酬與績效密切性等方面，不同體制與不同效益企業的水平非常不同。在不同組織體制下，人力資源管理指標與組織績效有密切關係。

表十四　不同體制與不同效益企業的人力資源管理項目比較與方差分析

人力資源管理項目	M（平均分）國有低效	國有中效	國有高效	鄉鎮高效	鄉鎮中效	鄉鎮低效	三資中效	三資高效	F
工作成勣考核的經常性	2.50	4.63	4.38	4.50	4.00	3.50	3.50	3.43	1.99
成勣考核表格的規範性	2.00	4.25	4.13	4.00	4.00	3.25	3.75	3.64	1.88
績效考核標準的明確性	3.00	4.50	3.88	3.00	3.00	3.38	3.88	3.71	2.59*
考核結果與獎勵的密切性	1.50	4.25	4.25	3.50	3.00	2.94	3.63	4.21	3.18*
員工參與目標制定的程度	2.00	3.13	3.88	3.00	3.00	2.56	3.25	2.79	1.90
晉昇機會的定期性	2.00	4.00	3.38	4.00	3.50	3.56	3.50	3.08	2.81*
質量對績效評估的影響	2.50	4.75	3.88	3.50	3.00	3.19	4.38	4.21	2.76*
質量管理培訓的經常性	3.50	4.88	3.00	3.00	3.50	3.50	4.25	4.50	2.76*
獎金與職務級別的關聯性	2.50	4.88	3.88	4.00	3.50	3.63	4.25	4.29	1.91
報酬與企業效益的密切性	1.50	4.75	3.38	4.00	3.00	3.81	4.00	4.29	4.16**
報酬與績效的密切性	2.00	4.38	4.13	4.00	2.50	3.38	4.25	4.21	4.25**

結　論

　　本研究與近期的其他研究表明，各類合資企業都比較重視質量管理、報酬與獎勵、人員選拔與配備、績效考核、人員培訓等方面的人力資源管理實踐和交叉文化背景下的管理策略（Wang, 1993; Wang & Heller, 1993; Wang & Satow, 1994a, 1994b, 1994c; Leung, Smith & Wang, 1996; Smith, Peterson & Wang, 1996）。不同的組織體制和不同戰略導向的企業，在人力資源管理方面形成了不同的模式。人力資源管理各個方面又對管理績效指標產生了不同的作用。從人力資源管理測量的結構和信度分析顯示，該量表具有一定的可靠性和科學性，可以作爲人力資源管理現狀的診斷工具。企業可根據本研究結果，對人力資源管理的主要方面開展系統的診斷，並在此基礎上採取相應的管理對策。本研究進一步驗證了以往研究的結果（Smith ＆ Wang, 1995）。正如Kamoche（1997）所提出的，合資企業人力資源管理是一種學習過程和知識創新的機會，本研究對於加強合資企業人力資源管理及其發展策略，具有重要的實際應用價值。

參考文獻

陳立（1994）：〈應用心理學與基礎理論〉，《應用心理學》。

王重鳴（1988）：《勞動人事心理學》，浙江教育出版社。

王重鳴（1990）：《心理學研究方法》，人民教育出版社。

王重鳴（1994）：〈中國三資企業與國有企業管理決策模式的比較〉，第1章，原口俊道、蘇勇編著，《東亞企業經營》，復旦大學出版社。

王重鳴(1994)：〈中外合資企業人力資源管理診斷與決策效能預測〉，第4章，原口俊道、蘇勇編著，《東亞企業經營》，復旦大學出版社。

芮明杰（1994）：〈上海三資企業現狀、問題及對策〉，第2章，原口俊道、蘇勇編著，《東亞企業經營》，復旦大學出版社。

Campbell, N. & Henley, J. S. (1990). *Advances in Chinese industrial studies: Joint ventures and industrial change in China*, London: JAI Press Inc.

Child, J. (1988). Enterprise reform in China: Progress and problems, In M. Warner (ed.), *Management reform in China*, pp.24-52, London: Frances Pinter Publishers.

Hofstede, G. (1984). *Culture's consequences*. London: SAGE.

Kamoche, K. (1997). Knowledge creation and learning in international HRM, *The International Journal of Human Resource Management*,

Vol. 8,2, 213-225.

Leung, K., Smith, P. B., & Wang, Z. M. (1996). Job satisfaction in joint venture hotels in China: An organizational justice analysis, *Journal of International Business Studies*, Vol. 27, No. 5:947-962.

Quinn R.E. (1988). *Beyond relational management*, London: Jossey Bass.

Smith, P. B., M. F. Peterson, & Wang, Z. M. (1996). The manager as mediator of alternative meanings: A pilot study from the China, U. S.A. and U.K., *Journal of International Business Studies*, Vol. 27, No. 1, 115-137.

Smith, P. B., & Wang, Z. M. (1995). Chinese leadership and organizational structures. pp. 322-337, Chapter 21 in Michael Bond ed. *Handbook of Chinese Psychology*, Oxford University Press.

Stewart, S. (1994). *Advances in Chinese industrial studies: Joint ventures in the People's Republic of China*, London: JAI Press Inc.

Wang, Z.M. (1990). Human resource management in China: Recent trends. In Rudiger Pieper (Ed.), *Human resource management: An international comparison*, pp. 195-210. Berlin: Walter de Gruyter.

Wang, Z. M. (1992). Managerial psychological strategies for Sino-foreign joint-ventures, *Journal of Managerial Psychology*, Vol.7, No.3, 10-16.

Wang, Z. M. (1993). Culture, economic reform and the role of industrial and organizational psychology in China. In M. D. Dunnette & L. M. Hough (Eds), *Handbook of industrial and organizational psychology*, second edition, pp. 689-726, Consulting Psychologists Press, Inc.

Wang, Z. M., & Heller, F. A. (1993). Patterns of power distribution in organizational decision making in Chinese and British enterprises, *International Journal of Human Resource Management,* Vol. 4, 1,113-128.

Wang, Z. M., & Pan, Y. P. (1992). Management of the joint venture firms in China and the design of psychological countermeasures, *The Japanese Journal of Administrative Behavior,* Vol.7, No. 1, 41-46.

Wang, Z. M., & Satow, T. (1994a). The patterns of human resource management: Eight cases of Chinese-Japanese joint ventures and two cases of wholly-Japanese ventures, *Journal of Managerial Psychology,* Special Issue, Vol. 9, No. 4, 12-21.

Wang, Z. M., & Satow, T. (1994b). The effects of structural and organizational factors on socio-psychological orientation in joint ventures, *Journal of Managerial Psychology,* Special Issue, Vol. 9, No. 4, 22-30.

Wang, Z. M., & Satow, T. (1994c). Leadership styles and organizational effectiveness in Chinese-Japanese joint ventures, *Journal of Managerial Psychology,* Special Issue, Vol.9, No. 4, 31-36.

Warner, M. (1996). Chinese enterprise reform, human resources and the 1994 Labour Law, *The International Journal of Human Resource Management,* Vol. 7, 4, 779-796.

大陸三資企業之薪酬管理

陳家聲

台灣大學工商管理學系暨商學研究所

〈摘要〉

　　大陸地區擁有充沛的勞力供應、工資低廉以及廣大消費市場的誘因，因而吸引很多外商前往投資，許多台商熱衷於赴大陸投資主要也是基於這些考量。而中共當局為招徠外商，也特別授予大陸三資企業充分享有用人及工資制度的自主決定權。三資企業到大陸投資，如何透過適當的薪酬管理制度的規劃設計與運作，來激勵員工士氣、降低成本與提升生產力是企業經營成功的基本關鍵。本文從企業薪酬制度規劃必須滿足合法、公平、合理與激勵性等四大要素，來分析目前有關三資企業薪酬管理運作。本文首先陳述與三資企業在薪資與福利管理方面相關的主要法令，其次從三資企業薪酬管理的實務，分析三資企業工資與保險福利費用，大陸台商的薪酬管理，以及比較三資企業與國營企業在薪酬管理上的差異。而三資企業欲做好薪酬的管理，也必須對大陸的社會與政治環境有清楚的了解。作者從影響大陸企業運作的主要文化與價值觀：國家主導工作的分配與提供生活的保障，國營企業重視公平分配的觀念，一切看「領導」的企業文化，以及員工多持吃大鍋飯、「混」的心理，缺乏努力的意願等，說明大陸企業薪酬管理的管理運作實際可充分反映出大陸政治與社會環境的特色。最後，則闡述三資企業薪酬管理上所遭遇的問題與可能的因應之道。

壹、與薪資管理相關之法令

　　目前大陸企業的工資制度主要有等級工資制、崗位工資制、結構工資制和崗位技能工資制等許多類型。不論是那一種工資制度，也不論是政府單位、國營企業或是三資企業，其薪資給付均分成許多項目。一般而言，工資的組成項目有基本工資、工齡（年資）工資、崗位（職務）工資、各種津（補）貼及獎金（浮動工資）等項目。尤其是各種津（補）貼及獎金的名目眾多，不一而足。但也有人以計時、計件作為區分基本工資的方式，然後再包含各種獎金和津貼等項目來說明薪資制度的類型。本節將先介紹與大陸三資企業薪資管理相關的主要法令。

一、立法規定最低工資保障

　　根據中共「勞動法」第四十八條規定，「國家實行最低工資保障制度」。「最低工資」是指勞動者「在法定工作時間內提供勞務，其所在企業應支付的最低勞動報酬；而加班加點工資、特殊工作環境或條件下的津貼、政府規定的勞動保險和福利待遇等項則不包括在最低工資的組成之內」。這是中共以立法的形式規定最低工資保障制度，而最低工資標準則由省、自治區、直轄市政府與企業、工會三方代表協商，並報國務院備案確定。依據「企業最低工資規定」第七條規定，最低

工資率應參考政府統計部門提供的當地就業者及贍養人口的最低生活費用、職工的平均工資、勞動生產力、城鎮就業狀況和經濟發展水平等因素確定，高於當地的社會救濟金和待業保險金標準，而低於平均工資。

二、三資企業在薪酬管理上有相當的自主權

為了吸引外資的投入，中共對三資企業的薪酬管理制度給予相當大的自主權。根據中共「勞動法」第四十七條的規定：用人單位可自主確定本單位的工資分配方式和工資水平。此外，「合資法」第六條的規定，「合營企業的董事會有權按照合營章程的規定，討論決定合營企業的勞動工資計劃」；「實施條例」第十二章第九十四條規定，「正副總經理、正副總工程師、正副總會計師、審計師等高級管理人員的工資待遇，由董事會決定」。另外，在「中外合資經營企業勞動管理規定」及其「實施辦法」中也分別規定，「合營企業職工的工資標準、工資形式、獎勵、津貼等制度，由董事會討論決定」、「職工工資的增長，按照合營合同、章程的規定和企業的生產經營情況，由董事會決定」。換言之，有關受僱員工的工資標準、工資組成、獎勵及津貼等制度，外商投資企業基本上有權可以完全自主決定。這些規定，適用的範圍包含了中外合資企業、外商獨資企業和中外合作經營企業等所謂的「三資企業」。

在薪資的組成中，基本工資是固定的，主要在確保受僱者的基本生活水準，獎金和津貼則是根據企業經營狀況和個人的表現有增有

減。加班工資較一般標準工資爲高，依據「勞動法」第四十四條規定，在平日，加班工資應不少於正常工作時間工資的百分之一百五十；在休息日安排受僱者延長工作時間，不能安排補休的，應當支付不低於正常工資的百分之二百的工資報酬；法定休假日則不應低於百分之三百。

三、大陸當地職工與外籍職工分別實行兩套工資制度

在改革開放的初期，中共當局規定三資企業僱用當地大陸籍的一般職工，其工資水平應按照所在地區同行業的國營企業職工實際工資的百分之一百二十至一百五十確定；其後又在管理規定實施辦法補充說明中指出，「中外合資經營企業勞動管理規定」中所說的所在地區同行業國營企業職工的實際工資，係指所在地區同行業規模和生產技術條件相近的國營企業職工的平均工資，其具體數額由所在地區勞動人事部門會同財政部門和企業主管部門核定。

在1986年11月中共勞動人事部發佈「關於外商投資企業用人自主權和職工工資、保險、福利費用的規定」，取消了過去法規中對外商投資企業職工工資水平上限的限制，規定：外商投資企業職工的工資水平，由董事會按照不低於所在地區同行業、條件相近的國營企業職工平均工資的百分之一百二十的原則加以確定。企業可以依本身經營績效好壞，自主決定調薪的幅度與頻率。

中共當局規定三資企業僱用大陸籍職工所支付的工資水準應比當地國營企業職工平均實得工資爲高，其目的主要在保護大陸當地的勞

工，避免遭受三資企業不合理之剝削；此外，也可能是因為在傳統社會主義之下國家主導工作的分配與保障，以及考慮三資企業之就業機會並非「鐵飯碗」，受僱者多冒著較大的失業風險，當受雇者失業時會增加國家社會的負擔，所以在工資報酬上有較高的要求。

至於外籍職工的工資水準，相關法規中並未做強制性規定，通常係由企業參照國外的工資水準與工資制度發放，主要是透過勞資雙方所簽訂的僱用合同來履行。

貳、與福利管理相關之法令

中共非常重視基層勞工的生活，為保障勞動者的生活，目前大陸實行包含退休養老保險、待業保險、醫療保險、工傷保險（包括殘疾待遇）、生育保險和疾病、死亡等多種項目的社會保險制度。社會保險由中共政府立法強制實施，受保人必須參加，承保人必須接受，雙方都不能自願，都必須按照規定的費率支付費用。因此，就廣義的工資而言，外商投資企業支付職工的工作報酬，尚包括勞動保險、醫療等福利費用和各項津貼、補貼支出。一般稱這種廣義的工資為企業之「勞務費用」或「用人費用」，也就是企業實際負擔的人工成本。

一、三資企業的勞動保險與福利

長期以來，大陸一直實行「低工資、高補貼」政策，中共當局每

年在房租、基本生活必需品價格、文化、教育、衛生保健等方面，給予在職員工大量的財政補貼。大陸勞工，特別是國營企業的受僱員工，均享有國營企業所提供各式各樣的社會福利待遇。以北京爲例，日常勞保福利項目有餐廳、理髮廳、浴室等集體福利，以及交通補貼、獨生子女補助、托兒費、探親假路費、職工喪葬補助、供養直系親屬撫恤費、職工生活困難補助費、辭退補償金等。

中共當局認爲，三資企業的受僱員工在許多方面同樣享受到政府的這些補貼，因此規定三資企業應比照國營企業之標準，給予受僱員工同樣的福利待遇，並負擔這些補貼費用。由於某些福利措施較適合由政府統一辦理，同時也由於三資企業受僱員工從企業支取的工資較高，中共當局認爲，三資企業依規定應提供的各項福利，不宜全部附加於工資，直接支付給受僱員工。因此，規定三資企業應定期按職工工資支付總額的一定比例提交給主管機關，以彌補政府對三資企業職工付出的財政補貼費用。雖然某些集體福利措施或可由企業自行辦理，但是大部份的福利經費依規定應提交給有關主管機關，統一支配。

中共方面有關勞動保險與福利之主要相關規定有：根據「中外合資經營企業勞動管理規定」及其「實施辦法」規定，合營企業必須按照國營企業的標準，支付中方職工勞動保險、醫療和政府對職工的各項補貼費用。此外，在「關於外商投資企業用人自主權和職工工資、保險福利費用的規定」中規定──「外商投資企業按照所在地區人民政府的規定，繳納中方職工退休養老金和待業保險基金。職工在職期間的保險福利等待遇，按照中國政府對國營企業的有關規定執行」、「外

商投資企業按照所在地區人民政府的規定，支付住房補助基金，由企業中方用於補貼建造、購置職工住房費用」。

　　關於勞動保險制度方面，待業保險制度是屬強制性的。中共當局規定，外商投資企業和國營企業一樣，繳納待業保險金是一種社會義務。凡由外商投資企業支付報酬的人員，不論其是以何種方式支付勞動報酬，都應依規定繳納待業保險金。在退休制度方面，國營企業實行「勞保工資退休制度」，凡其退休員工，由原僱用企業單位繼續按月給付工資，直至去世爲止。而合資企業受僱員工年老退休時，則實行「退休金制度」。所謂退休金制度則是受雇勞工在職期間，僱用企業依規定提取退休養老基金，上繳指定主管機關，勞工退休後的待遇由該主管機關負責掌理。外商投資企業自批准之日起，必須向中國人民保險公司企業所在地分公司，辦理其全部在職中方受僱員工的退休養老保險手續，並按每月支付受僱員工工資總額的一定比例提撥退休保險基金，上繳由保險公司統籌運用。此項基金將用於外商投資企業受僱員工到達退休年齡後的退休金、醫療費、死亡喪葬費和家屬撫恤費等方面。

　　外商投資企業應負擔的勞動保險、社會福利和各項財政補貼費用，除待業保險基金與國營企業的標準相同，按受僱員工工資支付總額1%扣取外，其他項目的扣繳標準，大陸各地區之規定都不太一樣。以退休養老保險基金之提撥爲例，北京市規定，按中方受僱員工工資支付總額的20%提取，河北省和黑龍江省的提取比率各爲17%和15%，上海市規定的比率則高達30%。另外，在提取退休保險基金方

面，除了依中方受僱員工工資總額為基準外，也有只以合同制員工工資支付總額為基準者，例如廣州市、四川省。

　　為了彌補退休金的不足，中共國務院於1991年6月26日頒佈「企業職工養老保險制度改革的決定」，要求不論是本國一般企業還是三資企業，都需要另外建立養老保險制度，並遵照企業所在地政府的有關規定執行。養老費一部份係由公司從職工的工資中代扣，一部份則從職工福利基金中提取，共同存在職工的名下，當職工退休或調轉時一併發給。

　　三資企業中的勞動保險項目，除了上述待業保險和退休養老保險制度之外，一般尚有勞動事故保險、健康保險和疾病傷害保險等。勞動事故保險係指企業受僱員工在工作期間，因工作引起的職業病和各種傷害、致殘、死亡事故，而給予經濟補償的社會保險制度。健康保險則是指對因工作以外的原因引起的疾病、傷害、死亡、生育等事故，給付被保險職工醫療費和各種補貼費的一種制度。此外，企業還必須執行政府有關勞動保護和環境保護的法規制度，提取一定的費用用於改善受僱員工的勞動條件。由上述有關勞動保險與福利的相關規定中不難發現，大陸三資企業必須為其受僱員工負擔相當多的保險和福利費用。由於中共當局規定，三資企業實行「社會勞動保險制度」，企業負擔受僱員工的各項保險福利費用，特別是比重較大的項目如待業保險、退休養老保險及職工獎勵基金和福利基金等，三資企業必須在僱用勞工當期提撥，交由中共當局指定的主管機關統籌管理。這也反映出三資企業投資大陸時，除了須審慎考量基本工資之外，也不可忽略

勞動保險與福利費用在勞務費用中所佔有相當高的比率。

二、三資企業中的經常性福利項目

大體而言，外商投資企業受僱員工經常涉及到的主要法定福利待遇項目有:

㈠獨生子女保健（鼓勵）費。

㈡獨生子女牛奶補貼費。

㈢托嬰費。

㈣婚假及其待遇。

㈤女職工生育假期及其待遇。

㈥女職工生育後的授乳及其待遇。

㈦探親假及其待遇。

㈧職工喪假及其待遇。

除上述法定經常性福利待遇之外，三資企業通常也需要按規定提取住房基金，專款專用於建造或購買職工的住房，不得挪作他用。各地規定提取的費率標準不盡相同，而有些地區的規定則是以房租津貼的方式直接支付給受僱員工本人。

參、三資企業薪酬管理的實務

一、三資企業工資與保險福利費用之分析

　　三資企業僱用大陸勞工應支付的勞務費，包括工資、保險福利和各種名目的津貼、補貼等。工資管理的模式，一般因行業、地區與工人類別之差異而不同，有的企業採取基本工資加職務津貼加獎金的制度，有的實行計件工資制度、等級工資加獎勵的制度、職務工資加獎勵的制度，而採用結構工資制度的情形也相當普遍。特別值得一提的是，在大陸的勞動報酬中包含了很多的補貼、津貼項目，較普遍的有各種物價性補貼、取暖津貼、交通費補貼等。根據北京中國勞動科學學報1991年發表的調查資料顯示，以1989年資料爲例，全民所有制企業採用的補貼、津貼項目共計145種，個別企業的津貼補貼項目，最少的3種，最多的達28種，平均爲12.11種。每個受僱員工平均得到7.3種津貼和補貼。

　　饒美蛟和林功實（1991）以深圳合資企業爲對象，進行「中國合資企業工資管理模式與基本特徵的初步研究」調查。他們把企業生產工人的工資分解爲基本工資、浮動（效益）工資、職務工資、計件工資、獎金或其他共五個組成部份，分類統計後發現工資管理模式共有十三種之多。其中以基本工資加獎金的制度最爲普遍，其次爲基本工

資加浮動工資、再加上職務工資和獎金的制度也廣爲外商投資企業所採用；而絕大多數企業的工資形式中均包含基本工資，類似國營企業之管理模式。此外，三資投資企業基本上大多採取結構化工資的管理模式，而且特別重視工資與企業經濟效益（反映在浮動工資上）和勞動生產率間的關連。

　　關於受僱員工的工資水準，依規定「外商投資企業應按照不低於所在地區同行業的國營企業受僱員工平均實得工資的百分之一百二十之原則」，並由董事會根據企業經營績效好壞加以調整，基本上沒有上限。如台商投資企業與大陸國營企業受僱員工的工資差距，約在26％～45％之間，大致與中共規定吻合（《貿易週刊》，1993）。依據作者所蒐集現有一些有關三資企業的報導與訪談資料，發現三資企業與國營企業受僱員工工資的差距，基本上與有關的規定相吻合，前者的工資約比後者超出百分之二十到五十之間的幅度。以中外合資企業職工工資資料爲例，三資企業受僱員工工資水準與國營企業相比，1990年、1991年和1992年分別約爲120.6％，129.7％和132.7％；外資（獨資）企業在1990年和1991年的比率都超過140％，惟1992年降爲121％左右；中外合作企業的比率變化方向正好相反，1990年間約爲126％，1991年與1992年間提高至140％；相對而言，華僑、港澳台投資企業受僱員工的工資水準似較高些，1992年間約相當於國營企業職工工資水準的147.4％。在各個地區之間，大致上經濟開放程度較高地區，尤其是廣東、福建、浙江、上海、遼寧、海南等沿海地區，三資企業受僱員工的工資水準相對較高，與國營企業職工工資的差距也較大；經濟開放

程度較低或內陸省區則反之（高長，民84）。

　　另外，高長（民84）在其研究中，比較不同外商投資企業之間薪資的差異，發現雖然各類外商投資企業受僱員工的工資水準，在各地區之間相較各有千秋，但是一般而言，在華僑或港澳台主要投資的東南沿海地區（如福建、海南、浙江、上海等地區），其企業受僱員工的工資水準最高，其次是中外合作企業，外商獨資企業受僱員工的工資水準最低。由於三資企業在工資管理上具有充分自主決定權，不同類型外資企業職工工資在大陸各地之差異特性，或可顯示企業在各地區之經濟效益及勞動生產力的不同。

二、大陸台商的薪酬管理調查

　　高長（民84）在其調查研究中發現，關於基本工資制度，大陸台商大都實行包含職務工資、工齡工資、獎金、津貼等在內的結構工資制度。一般工人平均每月基本薪資（不含獎金、津貼）大都集中在201～500元人民幣之間，獎金和津貼大都集中在1～100元之間。整體而言，一般生產工人每月平均的工作報酬約480元，其中基本工資約佔四分之三，福利和津貼兩項則各約佔12％左右。這結果與大多數的實務界訪談或調查資料存在著相當大的差異。一種可能的解釋為高長研究調查的福利費用中並未包含法定保險費用部份。在員工福利制度方面，高長的研究發現餐廳和員工宿舍兩項，是大陸台商提供的各種福利設施中最普及的，其次是理髮室、浴室和診療所、休閒娛樂設施。在工作環境安全、衛生方面，大多數台商都設有「勞工安全負責人員」、「經

常自動檢查工作場所與設施的安全衛生」、補助「員工餐費」、提供「工作服」，而在辦理或提供「投保勞工保險」、「安全衛生教育及預防災變演習」、「定期辦理勞工健康檢查」等福利措施方面也相當普遍。

高長並發現絕大多數的受僱者對工作及工作環境都有相當高的滿意程度。大多數的員工在接受訪查時都表示喜歡現在的工作，其理由主要是「符合個人興趣或專長」，其次是「待遇不錯」及「很受領導及伙伴尊重」；對工作場所的空氣品質、噪音控制、溫度調節等條件，大多數受訪者都表示滿意；同時，受僱勞工也大都認為工作壓力不重。

另外，在職工福利設施與管理方面，根據香港理工理學院商業學系教授劉佩瓊的調查報告指出：大多數的合資企業都有為職工提供宿舍、飯堂膳食、醫療費用、工傷賠償及文娛活動等。在宿舍方面，大多數職工認為宿舍的條件一般，採光設備、水電供應及宿舍面積可以接受。但是，有三分之一的職工對膳食表示不滿。在醫療方面，很多工廠設有醫療室，醫療費用部份或全部由公司報銷。工廠多按照規定為職工設立工傷保險。大多數職工能享用法定的假期，其他事假則較少。

三、三資企業與國營企業之薪酬制度的比較

三資企業僱用大陸勞工時，從薪資成本面考慮，除了基本工資的給付之外，尚需負擔勞保與福利費用，並須提撥如住房補助基金反饋中共當局對勞工的各項財政補貼。若將保險與福利等非工資性費用與前項基本工資費用併計，即為一般企業僱用勞工之「勞務費用」或「用

人費用」。在國營企業方面，以首都鋼鐵爲例，其工資結構中崗位工資、獎金、津貼與補助的比率約爲60：30：10；而公司以上繳利潤扣除後的盈餘提撥20%作爲集體福利改善，員工個人每月平均現金所得與實物福利券之比率約爲1.16：1.47倍。另外，又如廈門市工程機械廠，其工資結構中基本工資、津貼與其他隱性項目的比率約爲45：30：25；而每年福利支出佔30%，由每年實踐利潤提撥13%作爲福利基金（林燦螢、曾連通、陳淑惠，1992）。在三資企業方面，外商投資企業僱用勞工負擔之勞務費，在各種不同投資形式中，以獨資企業勞務費用的支出水準平均而言較低。另外，就整個待遇結構而言，其中月薪、福利、醫療與保險的比率約爲40：30：30；整個用人費用約爲工資總額的1.6～2.0倍（陳清標、楊炯星、黃麗玲，1992）。整體而言，勞務費用總額當中，工資費用約佔56～74%，而非工資費用則佔26～44%左右。

　　雖然三資企業與國營企業受僱員工在工資上的差距，前者約比後者超出百分之二十到五十的幅度。不過，如果以勞務費用（即工資加上非工資性費用）一起考慮，我們發現非工資性費用約相當於工資費用的50%到一倍之間，儘管非工資費用在大陸各地存在著不同。由於三資企業僱用勞工所負擔的非工資性費用，較國營企業之負擔高，其間差距甚至比工資水準之差距還大。因此，以勞務費用來衡量勞工僱用成本的差異，三資企業與國營企業在僱用成本上的差距將更爲擴大。這種現象主要是因爲三資企業僱用勞工所需負擔的非工資費用遠較國營企業爲高所致。以1991～1993年爲例，三資企業僱用勞工所付

的勞務費用較國營企業高出約48%，不過若僅以工資來衡量，兩者的差距約僅32%。

肆、影響大陸企業運作的文化價值觀

從大陸企業薪酬制度的管理運作中，可充分反映出大陸政治與社會環境的特色。三資企業欲做好薪酬的管理，也必須對大陸的社會與政治環境有清楚的了解。以下僅提出大陸社會與政治環境中一些與企業管理有關的主要文化與價值觀，作爲了解大陸企業薪酬管理運作之基礎。

⊙國家主導工作的分配與提供生活的保障

在中共的社會主義公有體制與計劃經濟之下，社會上的各種重要資源（如土地、資金、企業等）一切均歸公有，因此過去的工作主要是由國家統一分配，並提供勞工所有生活上必要的照顧與保障。爲了要照顧所有人民的生活，使得政府或企業僅能提供基本生活的所需，這反映在薪酬制度上爲其基本工資變得很低，然後在透過各種名目的津貼、補助等福利項目給予勞工生活上的照顧。

大陸國營企業的經營理念主要以完成國家計劃經濟的指標，滿足社會物質的需要，並吸收社會的勞動力，以確保人人都能就業，保證「人人有飯吃，個個有事做」的社會主義公平原則。對於企業的貢獻主要是以產值來衡量，至於生產之後是否賣得出去或堆積在倉庫裏，

這就不是其企業經營所關切的重點。

⊙國營企業重視公平分配的觀念

　　大陸國營企業在經營上普遍重視「公平分配」的觀念，忌諱在所得分配之間存在太大的差距；即使企業經營有超出目標的利潤，多獲得之利潤並非歸某人之努力所得，而是全體組織努力的結果，因此超出的盈餘利潤部分必須上繳。亦即，大陸國營企業所追求的公平分配觀念是一種「結果的公平」，亦即「通通有獎」的分配觀。然而在資本主義國家裡，則重視個人努力與其工作報酬之間要相當的公平觀念，對企業有不同程度貢獻者，會反映在其工作報酬的不同上。

⊙一切看「領導」的企業文化

　　大陸國營企業的經營受「領導」的影響最大，而「領導」並不負企業經營成敗的責任。大陸國營企業既不獨立核算，也不必負責盈虧，反正虧損有大老闆──國家撐著，即使獲利也要全部或絕大部份上繳國庫。在企業廠長、經理等領導的腦海裏，只有「計劃經濟」的觀念，缺乏「市場經濟」的觀念。大家都在吃國家的大鍋飯，用不著擔心企業經營的好壞。因為企業的一切生產、銷售都由上級主管部門決定，遇到問題，理所當然的也應由上級主管部門決定。此外，由於員工的生計、升遷等也都取決於上級對他的政治評估，這結果使得員工在強烈的物質與社會需求的驅使下，磨練出精明的對策，儘量在上級面前求表現，表現所謂「一切看上級，一切看中央」的政治化取向。

　　這種一切問題均靠上級解決的企業文化特質，使得企業與員工失去活力，造成過度依賴上級領導或政府的指示，也使企業喪失了獨立

生存與競爭的能力。反觀台灣的民營企業或中小企業，老闆或經營者必須面對企業經營的成敗，因此常看到老闆帶頭衝鋒陷陣，開發新產品、找市場，以求企業的生存，充分地顯示出傳統中國人所具有勤奮、「愛拼才會贏」的特色。

◉員工多持吃大鍋飯、「混」的心理，缺乏努力的意願

在傳統「鐵交椅、鐵飯碗、鐵工資」的三鐵政策下，員工習慣於靠公家生活，缺乏個人與企業榮辱與共的觀念。在「大陸員工價值觀與台商管理行為的互動」一文（何國全，1994）中，大陸台商提到：『要閒散慣了的大陸員工做好份內的事已經很不容易，如果預期他們會建立「以廠為家」的心態，去做那些雖然是份外但却有利公司的事，那會叫人大失所望。』這種因為文化本質的差異所引起的員工管理問題，也是許多管理問題產生的淵源。大陸員工在習慣於國家所提供工作與生活保障的方式之下，普遍抱著「吃大鍋飯」、「有飯大家吃，有事眾人辭」的心態，加上由於做多做少的結果都是一樣，所以員工對工作普遍缺乏努力的意願，工作態度較為消極，導致生產效率低落。許多台商表示：大陸勞工「以前吃共黨，現在吃台商」，表現出「飯是要吃，工資是要拿，工作則看他人」的不負責行為。在沒有幹部監督的情況下，大陸員工常表現出「幹活能息則息，能停則停」的習性，缺乏主動性，節奏很慢，甚至有許多員工把上班時間當作是同事間交往的機會，東一群，西一堆的閒聊。這也許是因為他們從小生長在社會主義的體制下，已經適應了社會主義下「輕輕鬆鬆地幹活，懶懶散散地做工」的生活習慣。也因此有許多在三資企業裡工作的大陸勞工，

其觀念與行為往往未能符合三資企業管理的要求，缺乏「時間、成本、效益、品質」的觀念，喜歡享受權利而不盡義務，工作態度不積極，缺乏主動負責與溝通協調的意願，無法適應企業的要求。

　　團體是個人最佳的藏身所。或許為了規避責任、避免成為鬥爭的明顯對象，大陸員工普遍地表現出集體主義的傾向。「槍打出頭鳥」也許是這現象的最佳寫照。這種傾向反映在工作上，表現出員工缺乏自主精神，不願對自己的事情負責，將責任往上推，將好處往自己身上攬。這種集體主義的負面傾向影響了員工不願意突出自己，也不願意接受對個人的激勵。

　　對於一些低技術性、勞力密集的產業而言，企業若要提昇其競爭優勢、增加利潤，都必須透過降低成本、提升生產效率來達成。所以，這種吃大鍋飯、「混」的心裡，對企業的經營造成很大的傷害。因此，三資企業為改善這種情形，多會透過設計各種的激勵獎金制度或浮動工資，將績效與獎金結合以提升員工的工作意願和效率。

伍、三資企業薪酬管理上
所遭遇的問題

　　在三資企業薪酬管理的實務方面，有幾項問題值得進一步的討論。第一，依規定，外籍受僱員工的工資制度可以有別於大陸籍員工。一般而言，外籍員工的工資水準都比較高，尤其是管理人員，其間工資差距更大，這種現象常引起大陸籍員工的不滿。根據一些研究顯示，

這是造成勞資糾紛的原因之一（唐火照，1988）。

其實，三資企業給付大陸籍員工的工作報酬並非不夠高，其主要的關鍵在於中共政府要求三資企業在僱用大陸勞工時所支付的勞務費用中，有一大部份是以分攤國家社會保險和財政補貼費用的名義，被中共當局強制徵收，導致員工在實得報酬中無法反映企業這部份人工成本的負擔；另外，大陸員工習慣於享受國家所提供的各項津貼、補貼，也不覺得這些是企業所支付員工的工作報酬所帶來的。因此，三資企業如何就實際的情況與大陸員工做好薪酬管理的溝通，讓員工了解企業配合中共政府的政策與制度所做的努力，將有助於減少這類不必要的抱怨或不滿。

其次，爲了節省勞動僱用成本，外商投資企業大量僱用女工及臨時工，尤其是外商獨資企業和「三來一補」（來料加工、來樣生產、來件裝配、補償貿易）的加工企業，女性員工及臨時工所佔的比重更高。臨時工的工資低，費用少（企業不必負擔工人的房子、婚姻、子女入學等費用），靈活性大，隨時可以招聘或辭退，即使企業倒閉了，也沒有工人安置的包袱；女性員工的工資也較低，一般又較能配合加班，因而廣受三資企業的歡迎。

然而，這些女工和臨時工大多數未婚，且來自外地不能落籍，工作情緒難免受到影響，尤其臨時工沒有簽訂長期勞動合同，無法享受一般的社會保險，這部份較容易發生勞動爭議。以深圳特區爲例，自1986年下半年至1990年上半年間，各級勞動仲裁機構共受理940宗爭議案件，其中563宗是外來臨時工投訴的，佔60%，受僱於外資企業之臨

時工所投訴者315宗，佔全部案件的三分之一。大多數案件都是企業拖欠工資，加班過長，無理解僱工人、工資過低等。

另外較為嚴重的問題是，在合資企業所僱用的員工中，有一部份員工是由大陸方面合資者或由所在地勞動部門推薦，一部份是由原企業轉入，這兩種人員在保險福利及退休待遇等方面有很大的不同，這種在同一企業體內存在兩套不同的制度，在員工之間常互做社會比較之情況下，無疑地將影響部份大陸員工，尤其是合同制員工的工作士氣。

除了基本的工資報酬之外，中共當局規定外商投資企業必須比照國營企業給予受僱員工各種保險、福利，尤其三資企業實行新的社會保障制度，僱主必須按月依職工工資總額為基數提撥各項勞動保險基金，其中大部份並不直接付給職工本人，而是繳給中共主管機關統籌運用。這些非工資性費用主要包括退休養老保險基金、待業保險基金、住房補助基金、醫療福利和日常勞保福利費用等項目，其繳費標準各地不盡相同，惟對企業造成的負擔超過一般人的預料。所以，三資企業在大陸的勞動成本並不如想像中的廉價。有意赴大陸投資的台商必須對這種情況有充分的認識，才不致低估了勞工僱用成本。

考慮大陸的法令與社會環境特徵，三資企業在薪資管理方面，可考慮實行結構化的工資制度，在不影響受僱員工平均工資收入的前提下，降低基本工資，提高獎金在工資總額所佔比重，如此可以合法避免過度負擔加班費，因為加班費是以基本工資而不是以工資總額計算的。另外，台商也可考慮採取計件工資制度，而不採取計時工資制，

受僱員工加班可不必付加班工資。因爲按中共國務院1982年頒佈「關於企業加班加點工資的規定」,實行計件工資制的職工,除法定節日之外,不必發加班工資。

最後,值得一提的是「勞動法」中有關工作時間、休假、加班費的給付標準等規定都較過去嚴格,這些規定若認眞執行,台商企業勢將增加勞工僱用成本之負擔,對於此項客觀環境之變化,台商不宜心存僥倖,懷疑中共當局執法的決心,積極因應的做法爲切實遵守當地法令,並健全各項人力資源管理制度,以雙贏的心態做好人員管理與社區關係。例如良好的福利措施,對企業與員工來說,都是雙贏的局面。員工因爲感受到公司的照顧,勞資的衝突勢必降低,人員流動率也會降低,生產勞動力則會提高,對公司長期永續的經營會有正面的影響。

參考文獻

何國全 (1994):〈大陸員工價值觀與台商管理行爲的互動〉,碩士論文。

陳清標、楊炯星、黃麗玲 (1992):〈綜合考察摘要〉,取自中華人力資源管理協會編著《大陸人力資源管理與運用概況》。

林燦螢、曾連通、陳淑惠 (1992):〈大陸薪資與福利制度概況〉,取自中華人力資源管理協會編著《大陸人力資源管理與運用概況》。

唐火照（1988）：《深圳利用外資實踐與探索》，海天出版社。

饒美蛟、林功實（1991）：〈中國合資企業工資管理模式與基本特徵的初步研究〉，爲發表手稿。

高長：《台商與外商在大陸投資企業之研究》，經濟部投資審議會，民國84年12月。

劉佩瓊：《港台合資企業管理經驗——員工培訓及管理幹部本土化》。

大陸企業中層管理人員的離職分析*

陳曉萍

美國印第安那大學管理學系

許浚　施格拉（Douglas Sego）

香港科技大學組織管理學系

*本文作者感謝金盤實業股份有限公司及下屬有關企業在調研過程中的協助和配
　合。特別是對羅迅、余瑞翔和蕭斌先生的通力合作，我們深表謝意。

〈摘要〉

　　員工的頻繁離職可能是大陸企業目前面臨的最嚴重問題之一。本研究旨在分析此現象背後的運作機制。文獻中大多數有關員工離職的理論都強調工作滿意感的重要中介作用。比如，Mobley（1977）的理論指出，職工只有在對工作不滿意的時候才去尋找另謀高就的可能性，而離職則是對這些可能性評價以後的結果。Hulin等人（1985）雖然對工作滿意感與另謀高就可能性二者之間的順序與Mobley有不同的見解，但仍然認為滿意感是員工離職的直接誘因。我們的研究從Thibaut和Kelley（1956）提出的社會交換理論出發，認為工作滿意感與離職傾向之間不應存在直接的關係。相反，另謀高就的可能性以及員工對組織的承諾才是影響離職傾向的關鍵因素。此外，我們認為員工的實際離職除了以其離職傾向來預測外，還可以其工作表現（如角色外行為）來加以預測。我們於1996年3月至6月間對海南金盤工業開發區十一個公司的228名中層管理人員及其他們的直屬主管進行了問卷調查，調查結果基本支持我們的上述假設。

導　言

　　自從中國大陸實行開放改革，改變一統的國有制企業而讓多種所有制企業並存以來，企業員工的離職便成爲諸多管理問題中的一個較重要的難題，從而引起了許多研究者和實際管理工作者的注意。我們之所以對離職問題有興趣，主要鑒於以下幾個原因：

　　第一，員工是企業的最基本資源，員工的流失會阻礙很多管理措施的實行。比如，如果員工接受完培訓就離開公司，員工的培訓和發展計劃就會失去長遠的意義。第二，員工離職對企業造成很大的損失，這種損失不僅僅在於優秀工人和管理人員的流失，而且在於用於重新招聘上所花的費用和時間。第三，離職問題與企業的其他管理問題緊密相聯，包括激勵機制，同事關係，領導效率等等。此外，研究中國大陸的離職問題還給我們提出一些理論上的挑戰。因爲雖然離職問題已被西方學者在西方文化中研究了幾十年，但這些理論能否解釋現今中國大陸的離職現象却始終是一個未知數。因此，離職現象爲我們提供了一個豐富而廣闊的研究領域。

　　我們的研究試圖探索產生離職現象的機制、過程及其效應。在過去的二十年中，許多研究者花了很多時間和精力研究離職的誘因，並提出了許多理論和模型來解釋離職過程（e.g., Mobley, 1977; Hom & Griffeth, 1991; Rusbult & Farrell, 1983; Hulin, Roznowski, & Hachiya,

1985）。縱觀這些理論模型，其目的均在於找出導致離職的主要因素。我們的研究目的基本上與其一致，但更側重於探索影響員工離職意向的三個基本過程：即評價過程，心理過程和行為過程。評價過程主要是指員工在決定離職前對自己工作各方面所作的經濟評價，這與代價/好處分析相似。心理過程主要指員工在決定是否要離職前所經歷的情感體驗，比如對自己的工作是否滿意，對企業是否還有感情等等。行為過程則指員工在考慮離職時所表現出來的實際行為，比如對工作不那麼認真，不願主動參與公司的活動，以及遲到早退等等。我們認為這三種過程是一個員工在決定離職與否時必須經歷的基本過程，而且每一個過程都包含不同的成分。在下一節中，我們將解釋每一個過程以及它們之間的聯繫，然後就這些過程與離職行為之間的關係提出我們的假設。

　　本研究雖然是在中國大陸進行的，但其側重點却在於檢驗這三種過程在整個離職過程中的普遍性。我們認為，雖然文獻大部份出自西方或美國學者的手筆，但這些機制却很可能適用於解釋任何離職過程。確切地說，我們認為當員工身處離職情景時，不管他的文化背景和國籍如何，他都可能要經歷評價過程，心理過程和行為過程。雖然有可能不同的文化會強調不同過程的重要性或對同一過程有不同的定義，但我們認為在研究的初級階段，最主要的任務在於發現這些過程是否以及如何能夠幫助我們預測離職行為。因此，我們的研究將不著意討論文化因素的影響，而是把重點放在檢驗這三種過程的共通性。

離職中的評價過程、心理過程和行爲過程

　　如前所述，評價過程是指對離職的代價和好處的分析。有一些離職理論把該過程看成是員工決定離職前必須經歷的一個過程（cf. Hom & Griffeth, 1991）。評價可以包括對現職工作好處壞處的衡量，對工作中所得的獎勵以及付出代價的評估，對離職後找新工作的困難程度，以及潛在新工作的好處和壞處的預測。評價過程常常也包含與他人的比較，比如將自己的現職工作與朋友或舊日學友的工作相比。有一點要指出的是，我們雖描述該過程爲評價過程，却並不假設絕對理性，我們只假設不管他們所花的時間多少，評價的精確性如何，員工會經歷此過程。然後我們會檢驗該過程對實際離職的影響。

　　評價過程是許多離職理論中提到的一個重要組成部份。比如Mobley（1977）的中間環節離職模型就把對現職工作的評價看成是聯繫員工工作滿意感和離職行爲的一個重要環節。Hulin及其同事（1985）的勞工經濟離職模型（labor-economic model of turnover）也認爲評價過程能直接決定員工的工作滿意感，後者則決定離職意向。在Thibaut和Kelley（1959）的社會交換理論以及後來Rusbult和Farrel（1983）的投資模型中，評價過程更被視爲決定離職意向的一個極重要因素。他們認爲評價過程不但決定員工的工作滿意感，而且直接決定員工的離職意向。

　　離職的心理過程是大部份離職理論的重點強調對象。在決定離職意向中，最主要的心理過程有兩個：工作滿意感（e.g., Mobley, 1977;

Hulin *et al.,* 1985）和組織承諾（e.g., Bateman & Strasser, 1984; Farkas & Tetrick, 1989; Price & Mueller, 1986; Steers & Mowday, 1981）。工作滿意感指員工對其工作的一般感覺，組織承諾則指員工認同企業的程度以及為企業效力的願望。在Mobley的中間環節模型和Hom和Griffeth（1991）的抉擇環節模型中，工作滿意感被看成是整個離職過程的導火索，在Hulin等（1985）的勞工經濟模型中，工作滿意感則是連接評價過程與行為過程的唯一中間變量。雖然組織承諾的概念不被廣大的離職理論所包涵，但越來越多的研究表明，在預測離職行為上，組織承諾如果不是更好，也至少與工作滿意感的作用相似（e.g., Bateman & Strasser, 1984; Farkas & Tetrick, 1989; Williams & Hazer, 1986）。

比起評價過程和心理過程，行為過程恐怕是最不為廣大離職研究者所注意的過程了。許多離職模型通常只包括一個行為變量，那就是實際的離職行為。唯一的例外是Hulin等（1985）的勞工經濟模型。該模型指出心理上的撤退（比如減少工作投入的意向）及一些特別的行為變化（比如想得到提升，想換工作等等）都與離職意向相伴隨。我們認為行為過程也是離職中的一個重要過程。對員工來說，離職是一個重大的決定，因為一個人的工作與其身份和自尊緊緊相聯。Dalton和Thompson（1986）曾經指出，得到一個工作是建立自我概念和身份的關鍵一步。而失去工作則可能導致自尊的喪失和情緒不安（Eisenberg & Lazerfeld, 1938）。有時即使離職後有另一個工作在等待，也很難保證該工作一定會給自己帶來更多的自尊。由於離職是一個重要的決

定，因此這很可能是一個漸進的過程，也就是說一些角色外行爲的減少會發生在實際離職之前。

角色外行爲是指在員工本職工作範圍之外的行爲。在本研究中，我們用企業公民行爲（OCB）（Organ, 1988）來代表角色外行爲並以此來理解離職的行爲過程。企業公民行爲主要是指員工自願爲企業所做的事，這些事並非爲規章制度所確認，也並無獎懲相伴隨，但這些事的累積能促進企業高效地發展。我們認爲，員工的行爲撤退首先會從這些企業公民行爲開始，而不是從本職工作（規定要做的事）上開始。比如，有一種企業公民行爲被稱作利他主義，定義爲員工主動爲同事提供工作上的幫助。我們認爲意欲離職的員工會比較不情願花額外時間去「利他」。另一種企業公民行爲被稱爲文明美德，定義爲對企業發展及現狀關心的表現，比如自覺參加公司的會議等等。我們認爲，如果員工意欲離職，那麼他就會較少對公司發生的事情感興趣。總之，因爲企業公民行爲是完全的自願行爲，減少該類行爲往往在某種程度上反映員工離職的意向。

評價過程、心理過程和行爲過程三者間的關係

我們已經討論了這三種機制在離職過程中的重要影響，那麼，它們之間的關係怎樣呢？我們認爲，評價過程影響心理過程，心理過程直接影響行爲過程和離職意向，離職意向和行爲過程則共同幫助預測實際離職行爲（請看圖一）。這個假設基本與Hulin等人（1985）的勞工經濟模型一致。在該模型中，工作滿意感（心理過程）來自於對工

作及另謀高就可能性的評估（評價過程），而工作滿意感則直接影響員工的行為意向（減少工作量的意向，離職意向，改變環境的意向）及實際行為。我們的假設也基本與Thibaut和Kelley（1959）的社會交換理論一致，雖然他們並未假設心理與行為過程間的直接聯繫。社會交換理論認為，工作滿意感與離職意向是兩個互不相關的事件，二者都是評價過程的結果，但二者之間不存在因果關係。我們的假設與Mobley（1977）的中間環節模型不盡一致，因為我們並不將工作滿意感（心理過程）看成是整個離職過程的起因。Mobley的模型認為工作不滿意才導致評價過程和行為過程，如果企業能令員工滿意，那麼員工就不會去尋找另謀高就的可能性，員工的離職就不會發生。

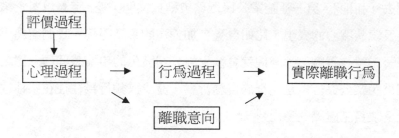

圖一　評價過程、心理過程和行為過程間的假設關係

我們的研究也像許多研究者一樣用離職意向作為直接預測離職行為的變量之一。Mobley、Griffeth、Hand和Meglino（1979, p.505）在回顧了大量的離職文獻後指出：「離職意向被一致證明與離職行為相關。」後來許許多多的研究也表明，離職意向對離職行為有直接的影響（e.g., Mobley, Horner, & Hollingsworth, 1978; Miller, Katerberg, &

Hulin, 1979; Coverdale & Terborg, 1980; Michaels & Spector，1982; Mowday, Koberg, & McArthur, 1984)。此外，我們還認爲一些企業公民行爲的減少也能在某種程度上幫助我們預測實際離職，因爲有時候，行動可能更說明一個人的眞正意向。

中國大陸現狀

　　中國大陸企業的員工目前所處的特殊環境就是企業所有制的逐漸變化以及這種變化對企業人事制度造成的影響。以前對國營企業的員工來說，跳槽或另謀高就往往是不可想像的事，除非企業把員工開除，員工是無權選擇或「開除」企業的。另外，企業也常常無權招聘一個自己需要的人材，如果該人原本在其他單位工作的話。近年來，因爲有許多不同所有制的企業並存以及人事政策的鬆動，求職的機會突然大大增加，員工很多以往被壓抑的欲望（比如追求高工資，尋求培訓機會，甚至自己開公司當老板）開始重新冒出頭來。員工跳槽的現象越來越司空見慣，企業開始感覺到留住人材的困難。

　　由於中國大陸所處的特殊情境，我們認爲員工離職的原因可能是由外在引起的多於由內在引起的。因此我們假設外在的環境因素，比如調換工作的可能性以及自我的可動性會在很大程度上決定員工的離職意向。當然，外在的因素需要通過內在因素起作用。工作滿意感是其中的一個內在因素，組織承諾是另外一個。因此，我們又假設員工的工作滿意感能預測離職意向。此外，由於大多數中國人都是集體主義者（請看Triandis, 1995），當他們認同自己的企業或群體時，他們會

強調集體利益和集體成員間的和諧，而不是個人利益，因此我們認為員工對企業承諾的程度可能與其離職意向之間有負相關（相反的關係）。有證據表明（e.g., Bond & Wang, 1984），當集體主義者認同自己的企業或群體時，他們寧願為集體利益而犧牲個人的利益。

因此，我們提出如下具體的假設：

假設一：工作滿意感和組織承諾都是員工評價過程的結果。在評價過程中，員工衡量在現職工作中得到的好處和壞處，將自己的工作與其朋友或學友的工作相比較（社會比較），並且評估自己的可動性和得到新工作的可能性。

假設二：工作滿意感和組織承諾都能預測離職意向。

假設三：員工對自身可動性和得到新工作可能性的評估會直接影響離職意向。

假設四：某些企業公民行為的缺失是離職意向及其離職行為的徵兆（跡象）。

假設五：某些企業公民行為的缺失是員工評價現職工作得失和進行社會比較後的結果。

我們的研究目的主要在於探索這三個過程（評價、心理、行為）之間的關係並驗證以上假設。

研究方法

翻譯

我們研究的第一步是準備一份測量各變量的中文問卷。我們先將問卷從英文翻譯成中文，再將其從中文翻譯成英文以確定中英文之間意義的對等性。同時，我們自己編寫了一些該研究涉及到的獨特問題。

調查樣本及步驟

本研究的樣本包含205對領導和下屬。研究數據基本來自11個公司的中層技術管理人員以及他們相應的直屬主管。這11個公司都位於海南省海口金盤工業發展區，各公司產品不同，從建築材料，羊毛衫，電腦磁盤到礦泉水，大多數爲中小型企業。在這11個公司中，有中外合資企業、股份制企業、承包制企業和國營企業。我們選擇海南金盤工業開發區的企業不僅僅因爲我們與該發展區的領導有一些關係，而且還因爲這是一個開發區，企業類型繁多，員工做選擇相對機會較多。對樣本的詳細描述請看**表一**。樣本中有51%的男性，平均年齡近二十九歲，平均在單位工作時間約3年，平均任現職時間約2年。樣本中有近46%的員工來自外省，有43%的員工有高中文憑，近7%的員工有中專或大專學歷，43%的員工則有大學文憑。另外，有51%的被調查員

表一　樣本特質

工作頭銜	百分數(%)
上層管理人員	6.0
中層管理人員	38.5
技術人員	51.7
性別	
男	51.2
女	48.3
婚姻狀況	
已婚	38.6
未婚	61.4
受教育程度	
低於高中水平	7.2
高中文憑	42.8
中專、大專	6.7
大學畢業或更高	43.3
故鄉	
海南島	54.7
其他省份	45.3
平均年齡	28.7歲
平均在單位工作時間	2.9年
平均在現任職位工作時間	1.9年

工爲技術工人，41%的員工爲中層管理人員，7%的員工爲上層管理人員。

　　我們的調查主要分爲兩步。第一步是訪問各企業的領導（*廠長、經理、人事處的幹部等等*），對各企業的現狀及內在的問題有一個初步

的了解，同時建立一定的關係爲下一步的詳細問卷調查作準備。第二步則是問卷施測階段。我們在海南金盤實業股份有限公司發展部人員的協助下，攜帶問卷前往每一個公司，當場將問卷分發給有關人員，填完後當場收回，以消除他們的顧慮。因爲該問卷涉及到一些個人隱私，同時需要從直屬主管那兒得到有關員工企業公民行爲的評價，施測手續比較復雜，在每一個公司我們都花近半天的時間。在等待收集問卷的同時，我們也與一些員工閒聊以了解他們的一些想法，同時加深我們對每個公司現狀的瞭解。

在完成問卷調查將近三個月後，我們又重新與各公司有關人員聯繫，詢問被調查職工的離職情況。這樣我們便得到員工實際離職行爲的數據。

問卷測量

工作獎勵。工作獎勵是指員工從工作中得到的所有具有個人價值的東西，比如工資、獎金、勞保福利、提升等等。我們用以下三題來測量工作獎勵：(1)我能從現在的工作中得到很多好處；(2)整體來說，我認爲自己在工作上得到許多獎勵和回報；(3)總括而言，假如我離開現有的工作，我在人事、活動及物質上會失去很多。這三題曾用於Rusbult和Farrell（1983）的研究中。

付出。付出是指員工感覺到自己在工作上所投入的所有東西，比如金錢、時間、努力、知識和技術等等。我們也用三個問題來進行測量：(1)我的工作中不如意的事情有很多；(2)整體來說，我認爲自己在

工作上付出了很多；(3)總括而言，我在工作中投入了很多。這三個題目也曾用於Rusbult和Farrel（1983）的研究中。

社會比較。社會比較是指員工在衡量自己的工作時，與其朋友及舊時學友所作的比較。我們用兩個問題來測量：(1)這份工作比起我大部份同學和朋友的工作來說要好很多；(2)這份工作比起我大部份同學和朋友的工作來說要差很多。

工作可動性。工作可動性是指員工認為憑自己所有的技術和才能，到其他單位或城市去工作的可能性。我們用了三道題來測量：(1)如果我願意的話，我很容易去一個附近的工作單位工作；(2)如果我願意的話，我很容易去海南島的其他城市工作；(3)如果我願意的話，我很容易去內地找到工作。

找到新工作的可能性和好處。找到新工作的可能性和好處由三道題來測量：(1)總括來說，除這份工作外，我還可以找到很多其他工作；(2)整體來說，我可以找到的其他工作會比現在的要好得多；(3)如果我到別的地方工作，我的時間安排會理想得多。

工作滿意感。雖然在許多別的研究中，工作滿意感都用明尼蘇達滿意感問卷（Weiss, Davis, England, & Lofguist, 1967）的二十道題目來測量，有研究表明，一道關於普通工作滿意感問題的效度並不低於用二十題問卷來測驗工作滿意感的效度（e.g., Scarpello & Campbell, 1983）。所以在本研究中，我們只用了一道題來測量工作滿意感，那就是：總括來說，我對現在的工作很滿意。

組織承諾。我們用Porter、Steers、Mowday和Boulian（1974）　設

計的15道題來測量組織承諾（請看文末**附表一**）。該量表主要測量員工對組織的認同和參與程度。該量表曾被用於許多其他研究（e.g., Porter *et al.,* 1974; Mowday, Steers, & Porter, 1979），證明有相當的信度和效度。

離職意向。用於測量離職意向的有三道題：⑴我經常想到辭職；⑵我很可能在明年另找新工作；⑶如可能自由選擇，我仍然喜歡留在本單位工作（反）。

企業公民行為。我們用了Organ（1988a）設計的26題量表來測員工以下五方面的企業公民行為：⑴利他主義（5題）；⑵謙遜為人（6題）；⑶認真敬業（5題）；⑷文明美德（5題）；⑸運動家風格（5題）。詳細問題請看文末**附表二**。

為了減少由「共同方法」（e.g., Podsakoff & Organ, 1986）導致的誤差，我們請每個被調查員工的直屬主管分別評價該員工在這五個方面的行為表現。在評價之前，我們向他們說明他們的評價會絕對保密。

在我們的研究中，所有的問題都以五點量表的形式呈現：⑴非常不同意；⑵基本不同意；⑶無法確定；⑷基本同意；及⑸非常同意。員工在作答時有的問題都由我們當場一一解釋清楚。

實際離職。員工實際離職的數據我們是在調查完成後將近三個月時獲取的。總的離職率不是很高，大約6%，但不同公司間的離職率相差很大，差距從0% 到50%。

數據分析步驟

首先，我們檢驗了研究中所用的所有量表的可信度。我們的第一步是對主要測量概念分別作因素分析。對用來測量工作獎勵、付出、社會比較、工作可動性和新工作機會的項目，我們將它們合在一起作了一個主成分因素分析，因爲這些概念每個都只用兩、三個題目測量，可信度可能不太高。對那些現成的經過檢驗的量表（如組織承諾和企業公民行爲量表），我們則重新驗證了它們的信度。然後，我們作了一系列的相關、迴歸分析來檢驗我們提出的假設。

研究結果

主成分因素分析結果表明，雖然我們分別測量了工作獎勵、付出、社會比較、工作可動性和新工作機會這些概念，有些概念其實有重合性，可以歸爲一類因素。簡言之，工作獎勵與社會比較的項目測的是同一因素，對工作可動性和新工作機會的認知這兩個概念測的也是同一因素。這樣，原來五個概念就減縮成三個，即：工作獎勵和社會比較，對新工作可能性的認知，以及在工作中的付出。我們然後又分析了這三個新量表的信度。下表呈現了我們在研究中使用的所有量表的

平均數、標準差和信度係數。從表中可見，除了一個量表（**工作獎勵
和社會比較**）之外，所有其他量表的信度係數都在 .70以上。根據Nun-
nally(1978)推薦的標準，這些量表都有較高的測量可靠性。

我們將用倒敘法來描述研究結果。首先我們呈現影響實際離職行
為的因素，然後描述影響離職意向和企業公民行為的因素，最後討論
影響工作滿意感和組織承諾的因素。

表二　各測驗量表的平均數、標準差和信度係數

量表	平均數	標準差	信度係數	項目數
評價過程				
工作獎勵和社會比較	3.06	.31	.60	5
工作付出	3.80	.08	.70	2
新工作可能性認知	3.50	.25	.83	6
心理過程				
組織承諾	3.38	.53	.87	15
工作滿意感	3.36	1.02	—	1
企業公民行為(行為過程)				
利他主義	3.67	.15	.89	5
認真敬業	3.77	.12	.79	5
文明美德	3.60	.09	.70	5
謙遜為人	3.72	.22	.76	6
運動家風格	3.72	.14	.70	5
離職意向	3.36	.14	.94	3

預測實際離職行爲的因素

在作多重迴歸分析驗證我們的假設之前，我們先對離職意向和實際離職作了相關分析，結果表示，二者之間的相關係數爲0.18（r＝.18, p＜.01）。這說明有離職意向的員工更可能產生實際的離職行爲。該結果與以往大部分離職研究的結果一致。

然後我們又檢驗其它變量與實際離職行爲的關係。在控制離職意向後，我們首先把企業公民行爲（五種）放入多重迴歸方程中，結果發現R²變化顯著（R²從.035增加至.091, p＜.05）。在這五種行爲中，我們發現利他主義行爲的表現與否與實際離職之間有顯著的相關，迴歸係數爲.21（p＜.05）。這說明當一個員工在企業中減少利他主義行爲時，可能已經暗示了他離職的可能性。其他企業公民行爲則並未被發現與離職有顯著的關係。

遵循同樣的統計步驟，我們又檢查了工作滿意感和組織承諾這兩個變量與實際離職間的關係，結果發現沒有一個能直接預測離職行爲。

這些結果基本與我們的假設四一致。也即當員工開始減少某些企業公民行爲時，就可能暗示了他們有離職的趨勢。

預測離職意向的因素

首先，我們把五種企業公民行爲放入多重迴歸方程中，結果發現運動家風格對離職意向有顯著的預測功能（b＝.18, p＜.05），表明當員

工開始口出怨言，誇大工作中的問題，並常常不滿公司所作的事情，向別人投訴一些無關痛癢的事時，該員工很可能就已產生了離職的想法。

　　然後，我們又把工作滿意感和組織承諾這兩個變量放入迴歸方程中看它們對離職意向的預測作用。結果發現組織承諾對離職意向有顯著的預測作用（b＝.23, p＜.01），而工作滿意感則無顯著預測作用（b＝.03, p＝ns）。這個結果之部分支持我們的第二個假設。也就是說員工對企業的認同和參與的程度則能幫助我們預測其離職意向，對企業越不認同的員工越可能產生離職的想法。這個結果同時表明，工作滿意感與離職意向有可能是兩個獨立的概念，員工對自己的工作滿意與否與其離職意向之間並無直接的聯係。

　　在控制了工作滿意感和組織承諾兩個變量的基礎上，我們又把工作獎勵和社會比較，工作付出，及對新工作可能性的認知這三個變量放進多重迴歸方程式，結果發現R²變化顯著（R²從.061增加到.130，p＜.001）。在這三個變量中，對新工作可能性的認知對預測離職意向有顯著作用（b＝.26, p＜.001），也即當員工認知到自己很容易到別處找到工作並且新工作的潛在優越性大於目前的工作時，他們就很可能會產生離職的想法。其他兩個變量（**工作獎勵和社會比較，工作付出**）預測離職意向的作用則不顯著。

　　這個結果說明目前大陸企業員工的離職想法主要由外在環境而決定，而較少程度上決定於自己對現職工作的感覺。該結果基本支持我們的第三個假設，也即離職意向又由員工對工作可動性和新工作可得

性的認知所決定。

影響企業公民行爲的因素

我們首先檢驗工作滿意感和組織承諾對企業公民行爲的影響。因爲企業公民行爲有五種，所以我們分別檢驗這兩個變量對每一種行爲的影響。多重迴歸分析表明，工作滿意感對任何一種企業公民行爲都沒有顯著影響，但組織承諾却對企業公民行爲中的利他主義有顯著的預測作用（b＝.16, p＜.05），也即對企業認同越强的員工，越可能表現利他主義行爲。

我們然後又在控制這兩個變量的基礎上來檢驗其他三個變量（工作獎勵和社會比較，工作付出，對新工作可能性的認知）對每一種企業公民行爲的影響。結果發現工作獎勵和社會比較對兩種企業公民行爲有影響：文明美德（b＝.19, p＜.05）和認眞敬業（b＝.20, p＜.05）其他變量則不對任何一種企業公民行爲產生顯著作用。這個結果說明當員工認爲自己從工作中得到獎勵和回報，並認爲自己的工作比其朋友同事都要好時，他們對工作更爲兢兢業業，對公司的發展和日常事務也更爲關心。該結果支持我們的假設五，也就是一些企業公民行爲的缺失是評價過程（衡量工作獎勵，進行社會比較）所產生的結果。

影響工作滿意感和組織承諾的因素

在決定工作滿意感和組織承諾的影響因素時，我們把工作獎勵和社會比較，工作付出和對新工作可能性的認知三個變量放進多元迴歸

方程中，結果表明這三個變量都對工作滿意感有顯著的預測作用。這三個變量的迴歸係數分別爲：工作獎勵和社會比較：b＝.53, p＜.001；工作付出：b＝－.09, p＝.07：新工作可能性認知：b＝－.12, p＜.05。這說明從工作中得到獎勵越多，與他人比較覺得自己工作越好的員工對自己的工作越滿意；認爲自己付出越多的員工對自己的工作越不滿意；認爲自己很容易找到新工作的人對自己的工作越不滿意。

與此同時，我們發現工作獎勵和社會比較及對另謀高就可能性的認知對組織承諾有顯著的影響，但工作付出的影響則不顯著。工作獎勵和社會比較對組織承諾的迴歸係數是 .54（p＜.001），另謀高就可能性認知的迴歸係數爲 .12（p＜.02），表示前者對組織承諾的影響大於後者。也就是說如果員工認爲自己從工作中能得到好處，並認爲自己的工作優越於其朋友同事的話，他們對企業的認同感會非常強烈。當然這個結果也說明對另謀高就可能性的認知會起相反的作用。

這些結果基本支持我們的假設一，亦即工作滿意感和組織承諾是員工在對現職工作進行多方面評價之後的結果，這種評價包括對工作好處，壞處的衡量，對另謀高就可能性的認知，及其與他人的橫向比較。

結果討論和結論

本研究目的是(1)檢驗與離職發生相伴隨的三種過程的共通性（即

評價過程、心理過程和行為過程）；(2)檢驗這三種過程之間的關係，也即檢驗我們的假設。我們的研究結果表明，評價過程、心理過程和行為過程確實是員工在考慮是否離職時所經歷的三種過程，而且評價過程決定心理過程，心理過程（特別是組織承諾）決定離職意向和行為過程，離職意向和行為過程（特別是利他主義行為）又決定實際離職行為。值得指出的是，我們不僅發現評價過程決定心理過程而且發現評價過程也直接決定離職意向和某些企業公民行為。另外我們還發現心理過程中的兩個變量——工作滿意感和組織承諾並不同時決定離職意向，與大多數離職模型所建議的相反，我們發現工作滿意感並不直接決定離職意向，組織承諾則對預測離職意向有顯著的作用。在下一節中，我將對這些結果提出一些我們的解釋。

　　評價過程直接決定離職意向和某些企業公民行為的發現初看雖然與以往關於離職研究的結果不一致，但若考慮到我們的調查對象所處的實際環境，這個結果便不那麼令人吃驚了。西方（或美國）的經濟一直採用自由競爭的機制，企業類型繁多，員工自幼生活在自由選擇的文化環境之中，外在機會的多少是一個比較穩定的變量，並不隨時間的變化而不斷變化。對他們來說，現職工作往往是自由選擇的結果。因此工作以後，對工作和企業的感覺會決定其去留的選擇，而外界的機會則是一個相對較弱的影響因素。對大部分中國大陸的員工來說，情形就很不相同。很多員工的現職工作並非他們自由選擇的結果，而是其父母的意志或權力的產物（開後門或頂替），或者政府的安排所致（對大部分大學畢業生來說）。因此當他們認識到有其他工作機會存

在並且自己可以自由選擇時，就會蠢蠢欲動，而較少考慮自己對現職工作的感覺。大陸一貫的多變政策造就了許多機會主義者，很多人認識到抓緊機會的重要性，因為大家不能確定允許人才自由流動的政策會持續多久。因此，對廣大企業員工來說，在這個特殊的社會轉型時期，外界因素能誘發離職的念頭便不足為怪了。

我們的研究結果中另一個不同尋常的發現是工作滿意感沒有顯著的預測離職意向的功能。我們認為這可能由以下幾個因素引起：(1)外界環境的變化是那麼地令人目不暇接，員工的大部注意力都被外界因素所吸引，而只給予很少的注意力在自己對工作的感覺上；(2)員工可能認為工作滿意感沒有外在的機會來得重要，因為類似的工作可能很多，但好的工作單位和其他外在福利條件就不一定容易尋找；(3)員工對工作的感覺和對企業的感覺有可能會不一致。也就是說，有的員工可能滿意自己的工作，但不滿意自己的企業；有的員工可能不滿意自己的工作，但喜歡自己的企業，這樣工作滿意感就不會直接與離職意向相關聯了。

我們的研究還發現，行為過程也能夠預測離職意向和實際離職，這是對離職研究的一個貢獻，因為以往的離職研究很少從行為表現出發去檢驗其與離職之間的關係。我們認為行為是員工使用的一種無聲的，但更有力的表現其意向的語言。特別當這些行為是完全出於自願，不為企業規章制度所要求的時候，就更能夠體現員工對企業的感情。值得指出的是，並非所有的企業公民行為的減少都對離職意向和實際離職有同等的預測作用，我們的研究發現「運動家風格」對預測離職

意向有顯著作用（也即當員工開始牢騷不斷，小題大作時，很可能已表示他已產生離職的想法）；另外，「利他主義」行為的缺失對預測實際離職有顯著作用（也即當員工越來越不願意主動助他人完成與工作有關的事項時，很可能表示他會在某一天離開企業）。其他行為（如認真敬業、文明美德和謙遜為人）的缺失則並未對實際離職顯示出顯著的預測作用。這有可能是因為文明美德、謙遜為人的行為更與個人的個性品質有關，而認真敬業則可能是有些企業規定的必達標準。但這只是我們的推測而已，我們需要做更多的研究去加以論證。

參考文獻

Bateman, T.S., & Strasser, S. (1984). A longitudinal analysis of the antecedents of organizational commitment. *Academy of Management Journal, 27,* 95-112.

Bond, M.H., & Wang, S.H. (1983). Aggressive behavior in Chinese society: The problem of maintaining order and harmony. In A.P. Goldstein & M. Segall (Eds.), *Global perspectives on aggression* (pp. 58-74). New York: Pergamon.

Coverdale, S., & Terborg, J.R. (1980). *A re-examination of the Mobley, Horner, & Hollingsworth model of turnover: A useful replication* (TR 80-4). Arlington, VA: Office of Naval Research, Organizational Effectiveness Research Program.

Dalton, G., & Thompson, P. (1986). *Novations: Strategies for career development.* Glenview, IL: Scott Foresman.

Eisenberg, P., & Lazersfeld, P. (1983). The psychological effects of unemployment. *Psychological Bulletin, 35,* 358-390.

Farkas, A.J., & Tetrick, L.E. (1989). A three-wave longitudinal analysis of the causal ordering of satisfaction and commitment on turnover decisions. *Journal of Applied Psychology, 74,* 855-868.

Hom, P.W., & Griffeth, R.W. (1991). Structural equations modeling test of a turnover theory: Cross-sectional and longitudinal analyses. *Journal of Applied Psychology,* 76, 350-366.

Hulin, C.L., Roznowski, M., & Hachiya, D. (1985). Alternative opportunities and withdrawal decisions: Empirical and theoretical descrepancies and an integration. *Psychology Bulletin,* 97, 233-250.

Michaels, C.E., & Spector, P.E. (1982). Causes of employee turnover: A test of the Mobley, Griffeth, Hand and Meglino model. *Journal of Applied Psychology,* 67, 53-59.

Miller, H.E., Katerberg, R., & Hulin, C.L. (1979). Evaluation of the Mobley, Horner, and Hollingsworth model of employee turnover. *Journal of Applied Psychology,* 64, 509-517.

Mobley, W.H. (1977). Intermediate linkages in the relationship between job satisfaction and employee turnover. *Journal of Applied*

Psychology, 67, 237-240.

Mobley, W.H., Griffeth, R.W., Hand, H.H., & Meglino, B.M. (1979). Review and conceptual analysis of the employee turnover process. *Psychological Bulletin*, 86, 493-522.

Mobley, W.H., Horner, S.O., & Hollingsworth, A.T. (1978). An evaluation of precursors of hospital employee turnover. *Journal of Applied Psychology*, 63, 408-414.

Mowday, R.T., Koberg, C.S., & McArthur, A.W. (1984). The psychology of the withdrawal process: A cross-validational test of Mobley's intermediate linkage model of turnover in two samples. *Academy of Management Journal*, 27, 79-94.

Nunnally, J. (1978). *Psychometirc theory*, 2nd ed. New York: McGraw-Hill.

Organ, D.W. (1988). *Organizational citizenship behavior: The good soldier syndrome*. Lexington Books.

Podsakoff, P.M., & Organ, D.W. (1986). Self-reports in organizational research: Problems and prospects. *Journal of Management*, 12, 531-544.

Porter, L.W., Steers, R.M., Mowday, R.T. & Boulian, P.V. (1974). Organizational commitment, job satisfaction, and turnover among psychiatric technicians. *Journal of Applied Psychologym*, 59, 603-609.

Rusbult, C.E., & Farrell, D. (1983). A longitudinal test of the investment model: The impact on job satisfaction, job commitment, and turnover of variations in rewards, costs, alternatives, and investments. *Journal of Applied Psychology, 68*, 429-438.

Scarpello, V., & Campbell, J.P. (1983). Job satisfaction: Are all the parts there? *Personnel Psychology*, Autumn, 577-600.

Thibaut, J.W., & Kelley, H.H. (1959) . *The social psychology of groups.* New York: John Wiley & Sons, Inc.

Triandis, H.C. (1995) . *Individualism and collectivism.* Boulder, CO: Westview Press.

Weiss, D.J., Dawis, R.V., England, G.W., & Lofquist, L.H. (1967). *Mannual for the Minnesota Satisfaction Questionnaire.* Minnesota studies in vocational rehabilitation: XXII. Minneapolis: University of Minnesota, Industrial Relations Center Work Adjustment Project.

Williams, L.J., & Hazer, J.T. (1986). Antecedents and consequences of satisfaction and commitment in turnover models: A reanalysis using latent variable structural equation models. *Journal of Applied Psychology, 71*, 219-231.

附表一：組織承諾測量問卷

1. 為了協助我現在工作的單位經營成功，我願意竭盡所能地工作。

2. 我會在朋友面前，誇耀自己是在一個極好的單位工作。

3. 我對本工作單位很忠心。

4. 為了留在本單位工作，我願意接受任何工作安排。

5. 我發覺自己的價值觀與單位的價值觀非常接近。

6. 我為現在的工作單位感到驕傲。

7. 即使在其他單位擔任相同的工作，我想不會像現在這樣勝任愉快。

8. 本單位能讓我在工作表現上發揮自己的最佳潛能。

9. 除非工作現狀有極大變動，否則我會繼續留在本單位工作。

10.我極高興當初選擇在這裡工作，而不是在其他本任職。

11.長期留在這單位工作，對我會有許多好處。

12.我大多同意本單位的重要人事決策。

13.我十分關心本單位的前途。

14.本單位是我能找到的最好工作單位

15.選擇在本單位工作是我的一項正確決定。

附表二：企業公民行為測量問卷

利他主義：

雖然明知不是工作的一部份，但他仍花時間幫助新員工適應。

隨時準備幫助周圍的人。

樂意花時間幫助同事解決工作上的問題。

幫助減輕他人工作的負擔。

願意替代因病或私事請假的同事工作。

認真敬業：

是其中一位最盡責的員工。

相信一分耕耘，一分收獲。

從不佔用工作時間去吃午飯、超時休息、或花長時間上廁所。

比起其他員工，很少在工作時間內休息停頓。

為了完成工作，不計較提早上班或延遲下班。

文明美德：

追上公司或部門的發展。

自覺參加訓練及講座學習班。

主動參予公司或部門的會議。

對於公司或其部門的變動提出有用的建議。

願意冒險發表反對意見和表達認為對公司/部門最好的信念。

附表二（續）

謙遜爲人：

會考慮到自己的行動對別人的影響。

避免爲其他同事製造麻煩。

及時回覆他人的諮詢。

在行動前先與其他員工有深層接觸。

想辦法避免與同事產生矛盾。

尊重其他人使用公司資源的權利。

運動家風格：

浪費很多時間向人投訴一些無關痛癢的事情。

常常不滿公司所做的事。

是一個常常口出怨言的人。

常常將工作上的問題誇大。

經常集中看到工作的問題，而不是職權的方面。

兩岸三地企業從業主管
人際行爲初探

張小鳳

現代人力潛能開發中心、

政治大學心理學研究所

<〈摘要〉

　　本研究應用人際行為量表(Interpersonal Behavior Survey, I.B.S.)於1995年10月起至1996年1月止，針對台灣、香港、中國大陸北京、上海、廣州等地企業主管共660位予以評量，以探討兩岸三地企業主管在攻擊行為、自我肯定，及人我關係三項特質之表現，並綜合分析其間之異同。初探結果發現北京企業主管的攻擊性及敵對態度顯著高於其他四個地區。男性主管在肢體、口頭攻擊、消極攻擊、忽視權利、積極自我肯定方面較女性主管高。在自信心、讚美、一般性的自我肯定、坦白及求助方面，高學歷主管均較低學歷主管表現的強。年紀輕的主管相對於年齡大的主管有自信，而且獨立。製造業的主管比服務業的主管主動積極。本探討為一基礎研究，期完整之結果有助於促進「大中華經濟圈」內彼此之瞭解認識，並可提供企業組織人力資源管理各項功能之運用參考。

壹、緒論

一、研究動機

　　台灣和大陸之間的關係在過去七年（一九八七～九四）中快速成長，到今日對海峽兩岸都已產生了相當大的影響。李登輝先生曾於一九九五年六月十六日在康大演講中，引用香港海關估算一九九五年兩岸三地轉口貿易總額為美金九十八億元。這個兩岸關係的基礎是由於雙方經濟在結構上的互補，因為互補而造成了經貿的相互交流與依賴。

　　西方媒體所用「大中國」（Greater China）的意念即指結合台灣、港澳與中國大陸（特別是沿海經濟特區）的生產因素：勞力、資金、原料、科技，借重台港地區在產銷、金融、服務、市場經濟運作下累積的經驗，減少相互間的人為障礙，進而謀求全體中國人的經濟利益，提升中國人的福祉（高希均、李誠、林祖嘉，民82）。

　　在這一種崇高理想結合現實利益的潮流之下，領先投資並已擁有七處不同地點工廠的高清愿先生（民84）即感受到：兩岸雖同文同種，但分隔四十年來，由於實施不同經濟體制，管理模式互異；尤其，中國大陸經十年文革，人民之人格特質、思維邏輯、價值觀、風俗習慣及行為模式等都與台灣同胞有顯著的差異，因此台商在中國大陸投

資、管理和適應均相當困難，也出現了種種問題。爲了增進組織及主管的調適，可行的途徑之一即在於「知己知彼」，亦即探討兩岸企業主管人際行爲的模式，將有助於增進彼此的瞭解、互動與合作。同時，主管被授權來指揮部屬工作，他們有直接的責任完成公司的基本目標，同時也有指導部門工作的職權。所以主管的人際行爲是分派與執行工作的關鍵。兩岸三地不同的地區，主管待人處事的風格值得探究，這種人際功能即是組織達成任務的成敗關鍵之一。

　　企業實踐根留台灣，放眼大陸，兩岸的經營管理，問題都還是在「人」，生產的瓶頸仍在於聘用和保有適合及良好的人力資源。我們可從國際化歷程中人力資源的運用與實踐策略尋得一些脈絡（吳秉恩，民84）：

　　1.企業國際化愈早期，人力資源管理策略趨向因應（reactive）；企業國際化愈晚期，人力資源管理趨向預應（proactive）。

　　2.企業國際化早期派外員工甄選標準宜以員工意願爲主，企業國際化愈晚期甄選派外員工的標準宜爲專業能力。

　　3.企業若將行銷活動率先移至國外，派外高階人員宜以整家移民方式派駐；而國際化晚期因爲製造活動移至國外，宜以人才當地化爲原則。

　　張裕隆（民84）綜合國外有關文獻後指出，適應良好與高績效的外派主管，除了具備良好的專業知能外，多半做事主動積極、能承受壓力、有自信以及具有良好的人際關係與適應環境的能力等等。然而國內似乎缺乏這方面的實徵研究。

　　目前各企業先遣部隊的高階人才到達大陸當地之後，為因應企業快速交流與依賴的關係，想要達成組織的任務，無論是台灣選派主管至香港遙控大陸工廠，或台灣直接派駐大陸產地，甚或在香港擇才進派大陸，各種模式均涉及各地主管人才與部屬之間的「人際互動」（例如自信心、主動積極、人我關係等）。同時，無論台商、港商、西歐跨國大企業也都將會面臨指日可待的「人才當地化」問題，所以如何瞭解現在的主管以及日後僱用合乎當地需要的人才，乃係廿一世紀「大中國」所有企業即將面臨的重大課題之一。

二、研究目的

　　在兩岸的互動關係中，工商企業經驗的累積成為最具體的成就之一。然而主持經貿活動的人遊走於三地之間，面對不同的當地員工及企業環境，各地的企業主管是否因地區的不同而有不同的人際行為？如有不同，能否就主管人際互動中最基礎的攻擊、自我肯定部份進行初步探索，做為日後兩岸三地企業主管領導、績效等功能，及企業管理人力資源相關研究之基礎。

三、研究問題

　　本研究的問題有：

1. 各地主管在人際行為量表上的模式為何？

2. 三地主管在人際行為量表上所顯示的結果有無相似或差異之處？

3.主管背景變項之不同其人際行為有無顯著的差異？

四、名詞解釋

兩岸三地：指台北、香港、北京、上海、廣州五個代表城市。

企業主管：指具備在地戶籍者，年齡從二十五至五十五歲，在職，不分層級和部門之業務主管。

人際行為：以自我肯定、攻擊性行為、人我關係為主要向度，在本研究中係以受試主管在「人際行為量表」中二十一個分量表上的得分表示。

背景變項：包括樣本之性別、年齡、教育程度、與業別（製造／服務）四方面之背景。

貳、文獻探討

一、兩岸三地經濟

一九八〇年帶來的經濟轉型，伴隨著台灣的投資環境結構惡化，除了工資上揚，還有環保、稅賦、能源、和地價的持續上漲，使得企業成本增加。隔著台灣海峽的大陸除工資低廉外，還有文化相同、地理接近、工廠用地取得容易、出口享有最惠國待遇、配額及官方優惠等，如民七十七年「鼓勵台灣同胞投資規定」、民八十三年「台灣同胞

投資保護法」（吳玉山，民84）。自然使台灣對大陸的貿易順差逐年增加，根據本地大陸委員會的統計在去年已高達142億美元。

這個數字的背後，其實隱含了三種經濟體制與環境，台灣爲經濟適度開放地區，約15%經濟活動由政府控制（國營事業），香港實施市場經濟，經濟活動自由，由民間主控。大陸實爲具社會主義特色的經濟，約50%經濟活動由政府控制。

曾參與中國大陸建設的重要港商之一胡應湘，自訂了一套衡量中國大陸經濟發展的準繩，稱爲「胡式經濟指標」。這個指標僅適用於開發中國家，共分爲五階段。當開發中國家經濟實際開始成長：階段一：民眾開始出外用餐，階段二：買新衣，階段三：消費者開始添購新家電，階段四：買摩托車、汽車或公寓，階段五：出國旅遊。中國大陸目前大抵處於第二與第三階段，也有不少人已進步到第四階段（奈思比，民84）。

廣東省是一九七八年經改最先受惠的地區；現在當地有六千萬以上全中國大陸的首富人口。

廣州市素有「不夜城」之稱。購物中心、遊樂場、藝文活動，還有種種大都會的迷人之處，吸引著一波波的中外遊客。深圳特區有二百萬人口，一般家庭平均不只一架彩色電視機。由於緊鄰香港，與香港經濟又密不可分，因此當地商家一律要求遊客支付港幣。一九九七年以後，香港與深圳將會合併爲一個城市。

一九九二年中國大陸出人意外的設立了共產世界第一批證券交易所，其中包括上海與深圳兩地。一九九二年，除牙買加與祕魯之外，

中國大陸的股市傲視全球。股市每日成交值在三億五千萬美元上下，大於香港股市交易清淡時的量。現在上海股市交易之熱絡已超過深圳。除西藏外，每一省均有城市與上海電腦連線，總數達五十個都市。自一九九三年四月起，上海證交所透過衛星網路，向全中國大陸六百個接收站傳送股市資訊，十一月更展開經由衛星的雙向交易。

去年上海的經濟成長14.8%，略高於全中國大陸的平均值13%。未來的目標是公元兩千年以前一直維持在10%。上海其實已成爲整個長江流域的「龍頭」，前市長黃菊說：「我們要在二○○○至二○一○年間，把上海建設爲亞太金融貿易中心。我們的目標是與亞太地區其他金融貿易中心共存共榮。」上海與廣州必然是中國大陸經濟發展的兩顆明星。

外資企業乘勝追擊，又續向北京及其他城市發展。中國大陸已超越美國成爲香港最大的貿易夥伴；同樣的，中國大陸在香港的投資也凌駕日本之上，居第一位。90年代港台對大陸投資成倍增長，對大陸經濟的持續增長起了不可忽視的作用。港台投資的新趨勢是投資地域向內地擴散，就好像配合大陸沿海、沿江、沿邊的開放策略一般；同時投資行業不斷拓展，投資主體趨向大型化，投資方式趨向多元化（劉佩瓊，民83）。

另外，根據民八十四年十一月十六日大陸文匯報報導：中國在人事制度改革方面，計畫於2000年前實現以下目標：專業技術人員和管理人員的自主擇業，大中專畢業生基本通過雙向選擇實現就業，部份歸國留學人員和軍隊轉業幹部能夠通過人才市場選擇用人單位，各類

用人單位主要通過人才市場選擇人才。可見得人力資源的觀念在五年內也會有突破性的進展。

二、人際行爲與人力資源管理

張裕隆、葛門（民84）指出，在人力資源的管理與發展中，「主管人才的甄選與發展」尤其重要，因爲主管人員必須做下許多決策，例如甄選與輔導新進員工，激勵部屬，以及努力達成團體目標等等。他們的決策，不僅攸關企業的成敗與發展，更關係著員工的身心健康與福祉，因此企業主應特別重視主管人才的甄選與發展。

爲滿足眾多企業以及人力資源的需求，大體上，主管人才除了可以從大陸本地甄選之外，亦可從同文同種的台灣、香港來加以聘用。然而，許多文獻中皆指出跨文化研究再三強調東西方的不同，即使是亞裔也有區別，並且在評估和行爲模式上也應注意特別的技巧（Paniagua, 1994）。由於企業主管的角色很特殊，他（或她）是一個能運用影響力去推動組織中的成員，無論情願或不情願都要去達成組織目標的人（Yukl, 1989），因此主管的「人際行爲」愈顯重要，尤其把環境因素考慮進去，在台北稱職的主管在北京也合宜嗎？香港的專業經理人在上海施展的開嗎？在華人的未來史中，愈來愈多專業的主管人才將要遊走在「大中國」之間。他們的人際因應能力由於文化及地區的客觀條件，加上個體與之相互催化，能否「預應」合宜的人際模式，的確值得行爲科學展開探索性的基礎研究。

在人際行爲中，自我肯定行爲（assertive behavior）是一種坦誠直

率表達個人感情的行為。此種行為既可維護個人的權益，又可獲得別人的諒解與支持（張春興，民78）。在這一方面的研究西方學者Salter（1949）和Wolpe（1958）是先驅者，Wolpe認為適應不良而帶有人際焦慮的當事人，是因為在與他人相處時，時常壓抑自己真實的感受，包括不敢提出自己的意見，並常否定自己的價值。

這種抑制的方式因而導致焦慮感的增加，對自身評價的下降以及對自我產生負向情感，同時也無法達成組織的任務。Wolpe提出自我肯定訓練（Assertive Training, AT），以期降低人際焦慮，增加自我主張，及自我表達的程度，使個人的功能在日常生活中能有所發揮，進一步成為一個有效能的領導者。

Lazarus（1971）重新界定肯定行為，把肯定行為具體化，並劃分出四個主要因素，分別是：拒絕請求、提出要求、表達正向與負向的感覺、開始延續和終止一般性的談話。完整的肯定行為便是具備了這四方面的能力。Lazarus的概念，幾乎包含了人際互動的所有形式。

在外顯的行為上，有時肯定行為和攻擊行為不易區分。Alberti & Emons（1975）從人際反應的向度上，區分了三種不同的反應型態─非肯定（non assertive）、肯定（assertive）和攻擊（aggressive）。

非肯定反應意指在表達自己上，常使用自我削弱（self-effacing），道歉的方式，不重視自己的想法，感覺和權利，旨在平息別人，儘可能地避免衝突。肯定反應則是維護自身，也考慮他人，重點在於對每一個人儘可能地公平。攻擊反應，則帶有威脅和侵犯別人權利，重點在於勝過他人，忽視他人。

　　肯定反應在攻擊反應和非肯定反應二者的中間，攻擊反應的個體習於一開始就用自己的方式恫嚇別人。而另一方面，非肯定反應的個體，太牽就他人，時常被人視為柔弱，由於常無法達成個人目標與組織任務，更易對生活產生不滿。Hargie, Saunders, & Dickson（1987）認為，此三者從反應型態上，可視為一連續向度

　　在我國，肯定行為的訓練常在團體諮商中引用（洪志美、黃志康，民82），但關於這一方面的研究並不多見。陳百池、吳英璋（民70）曾根據Osborn等人的著作，編製自我肯定量表。蔡順良氏曾做了三個相關的研究（蔡順良，民73-75）。楊國樞（民79）指出，中國人社會取向的性格非常強。這樣的社會取向有幾個特點(1)強調人際或社會關係的和諧；(2)重視別人的意見或批評；(3)重視因人因時因地制宜；(4)習於壓抑自己，以求和諧；及(5)強調反求諸己而不外責。這些特點，與西方社會重視「個人取向」有著很大的不同，自我肯定行為的功能，是否能合宜地在中國社會中發揮，就成為需要考慮的問題。楊中芳（民80）曾就此點考量認為，自我肯定強的人，在強調「自謙」、「容忍」、「退讓」的社會中，並不一定是受歡迎的典型，甚至可能因而產生焦慮。但蔡順良（民75）則認為，就個人心理衛生的觀點，自我肯定行為在許多與人際交往有關的社會情境中，仍屬適當的表現方式。

　　近年人格理論和評量上的進展，將「跨情境」（cross-situational）的重要性格變項數目歸納爲五個左右（McCrae & Costa, 1986; McCrae, Costa , Busch, 1986）。其中自我肯定與管理工作有關的權力及成就需求討論較多（McClelland, 1975）。在人際行爲量表的編製過程中，也發現適應良好的狀況爲較高的自我肯定與較低的攻擊性（Mauger & Adkinson, 1980），本研究擬就此一向度進行深入之探討。

參、研究方法

一、研究樣本

　　本研究自1995年10月1日至11月16日，於台灣、香港、北京、上海、廣州五地各以200份量表爲基準，兩岸三地共計1000份。取樣方式基於現實狀況分爲兩種：由現代人力潛能開發中心、香港大學、北京大學、上海醫科大學、華南師範大學五單位中工商心理學教授、健康心理學教授、社會學教授等分別按本研究界定之各地主管施測及收回。另在兩岸三地均設有公司或辦事處之台資或跨國企業集中分發量表（如：統一企業、英商卜內門公司等），再由組織內承辦者分派至工作單位，至截止日實際回收問卷計491份。另於1996年1月31日前再催收有效資料169份，五地共計660筆完整的研究樣本。

　　本研究之受試分配樣本如**表一**所示：

表一　受試樣本分佈表

		1.台灣	2.香港	3.北京	4.上海	5.廣州	N
性別	男	79	49	55	43	119	345
	女	119	26	37	38	95	315
年齡	25～35	97	33	50	36	96	312
	36～45	75	22	19	13	5	134
	46～55	16	16	12	7	2	53
學歷	國　中	0	2	14	0	68	84
	高　中	16	8	7	5	46	82
	專　科	83	17	31	23	29	183
	大　學	75	36	37	42	64	254
	研究所	19	12	3	10	7	51
業別	製　造	75	36	83	61	148	403
	服　務	122	39	9	20	53	243
	N	198	75	92	81	214	660

註：由於部份受試個人背景資料填答不完全，因此各項總人數並不相等

二、研究工具

本研究主要以修訂之人際行為量表為研究工具，其架構及信效度資料如下：

㈠人際行為量表

人際行為量表（Interpersonal Behavior Survey, IBS）係Mauger及Adkinson（1980）等共同編製，由柯永河、林幸台、張小鳳修訂（民84），以一般日常用語撰寫，受試者之閱讀能力僅需在國中以上程度。

由於該量表主要在測量自我肯定與攻擊行為，並作為日後評估此二種行為的改變情形，因此所有的題目都以「現在式」撰寫，且不涉及過去的經驗，同時亦避免採用易引起性別糾葛之詞句。修訂版均未做任何文句及內容變動，以保持工具之原貌，作為日後在兩岸三地研究發展之基礎。

㈡內容介紹

原量表共有245題，分屬四類量尺：⑴效度⑵攻擊性⑶自我肯定⑷關係量尺。各類量尺的內容分別說明如下：

1.效度量尺（Validity Scales）：

此一量尺反映受測者作答時是否有異常狀況或反應，包括否認、罕見、博取印象三個分量尺。效度量尺可以顯示受試者之得分是否可信而有意義。

⑴否認（Denial, DE）：（9分）不能承認一般常見但非社會所期望的弱點與感覺（如開別人玩笑、詛咒等）。

⑵罕見（Infrequency, IF）：（6分）反應異於常人（凡十分之一以下的人有此反應的題目均屬本類）。

⑶博取印象（Impression Management, IM）：（26分）為獲得他人的好感而作不實的反應。

2.攻擊量尺（Aggressiveness Scales）：

包括七個分量尺，分別是一般性的攻擊、敵對、表現憤怒、忽視權利、口頭攻擊、身體攻擊及消極攻擊等，其定義如下：

⑴一般性的攻擊（General Aggressiveness, GGR）：（31分）測量一

般性的攻擊行爲、感覺與態度；屬於常態下攻擊程度的整體評估。

(2)敵對（Hostile Stance, HS）：（20分）測量對他人的攻擊傾向，視攻擊爲在生活上超越別人或保護自己的正當理由。

(3)表現憤怒（Expression of Anger, EA）：（19分）發脾氣和強力且直接表示其憤怒的傾向。

(4)忽視權利（Disregard for Rights, DR）：（10分）忽視他人權利以保護自己或獲取利益。

(5)口頭的攻擊（Verbal Aggressiveness, VE）：（8分）以語言嘲笑、批評、貶抑他人。

(6)肢體的攻擊（Physical Aggressiveness, PH）：（12分）以實際或想像的肢體動作攻擊他人。

(7)消極的攻擊（Passive Aggressiveness, PA）：（26分）以間接或消極方式攻擊他人的行爲傾向，如抱怨、拖延、頑固等行爲表現。

3. **自我肯定量尺**（Assertiveness Scales）：

包括八個分量表，分別是一般性的自我肯定、自信心、主動積極、防衛性肯定、坦白、讚美、求助以及拒絕要求。

(1)一般性的自我肯定（General Assertiveness, SGR）：（54分）此分數代表自我肯定的一般性評量，可瞭解受試一般性的自我肯定行爲表現。

(2)自信心（Self-Confidence, SC）：（16分）對自己持有正向態度，並表現自我肯定的行爲，此處所指之自信乃指人際互動技巧上

的自信心。

(3)積極的自我肯定 （Initiating Assertiveness, IA）：（16分）代表具有領導潛能，在團體中能扮演主動角色傾向；在團體中經常發言，有高的參與感，且相信自己有能力將團體討論帶好，或是經常幫別人出主意作決定等。

(4)防衛性的自我肯定 （Defending Assertiveness, DA）：（18分）代表為了維護個人權益，而表現出來的自我肯定行為。

(5)坦白 （Frankness, FR）：（11分）代表願意去澄清自己真實的感覺與觀點的程度，即使因此不受歡迎甚或引發衝突也在所不惜。

(6)讚美（給予/承受）（Praise Giving/Receiving, PR）：（8分）代表接受或給予讚美時感覺舒適的程度。

(7)求助 （Requesting Help, RE）：（6分）在合理的需要下，請求他人協助的意願之程度。

(8)拒絕要求 （Refusing Demands, RF）：（6分）代表對不合理、不方便的要求願意說「不」以示婉拒的程度。

4.**關係量尺** （Relationship Scales）：

此向度在測量與他人關係的質與量，包括逃避衝突、依賴、害羞三個分量尺。

(1)避免衝突 （Conflict Avoidance, CA）：（20分）代表逃避意見不合或衝突情境的程度。

(2)依賴（Dependency, DP）：（23分）代表依賴他人的程度；如請

人幫忙做決定，感覺無力無助並急於尋求支援等。

(3)害羞 （Shyness, SH）： （23分）代表個性內向、寧願僅與家人或
　　少數知己來往。

整個量表，可以攻擊與自我肯定的這兩個獨立的心理特質作爲座標的兩軸向度，區分出四類的人際關係類型：

攻擊性高

此群人較具有攻擊傾向，因爲自認是受害者，無能力作任何事；可透過自我肯定訓練有所改變。	此群人屬控制、支配型；應可協助他們降低攻擊及支配性，增加合作協調性及社會敏感度。
此群人屬消極被動或天眞的一群，行爲表現較退縮，外表給人好好先生的感覺，這群人也可透過自我肯定訓練來幫助改變。	此群人的人際關係良好，對他人及自己皆持較正向的態度。

自我肯定低　　　　　　　　　　　　　　　　自我肯定高

攻擊性低

㈢量尺分數

本量表總計可呈現21個分量表之分數，測驗結果以轉換後的T分數呈現。

㈣量表信效度

本量表之信、效度頗佳（柯永河、林幸台、張小鳳，民84），其內部一致性α係數，除罕見量尺係爲少數人的反應，故顯現較分散之情況

外，餘者在.37～.91之間。效度考驗係以各分量尺爲單位，採用主成分斜交轉軸法進行因素分析，結果可抽取特徵值在1.00以上的因素共三個，其解釋量分別爲28.9%、20.6%、6.8%，合計佔全部變異之56.3%，其中第一個因素主要由自我肯定量尺所組成，第二個因素主要由攻擊性量尺所組成，第三個因素則屬於一種非正向的肯定反應。

三、資料處理

本研究以轉換後的Ｔ分數呈現各地主管在人際行爲量表上的不同模式，以變異數分析探討各地主管在人際行爲量表上所顯示的結果，及不同的背景變項間是否達到顯著差異。

肆、研究結果

以變異數分析處理660筆資料之後，在人際行爲量表四個向度：攻擊性、自我肯定、人我關係與效度量尺中，顯示出兩岸三地五個地區企業主管之人際行爲確有差異。尤其以地區性的差異最爲明顯，而北京地區主管在攻擊性向度中七個分量表裡，男性主管有五項的平均數高過Ｔ分數60，女性主管則有四項平均數高過Ｔ分數60，明顯高於其他四地區（見圖一、二）。

至於在性別、教育程度、年齡、業別方面，樣本在部份分量表上亦有顯著的差異。詳細情況分別說明如下：

圖一　人際行為量表剖面圖（男性）

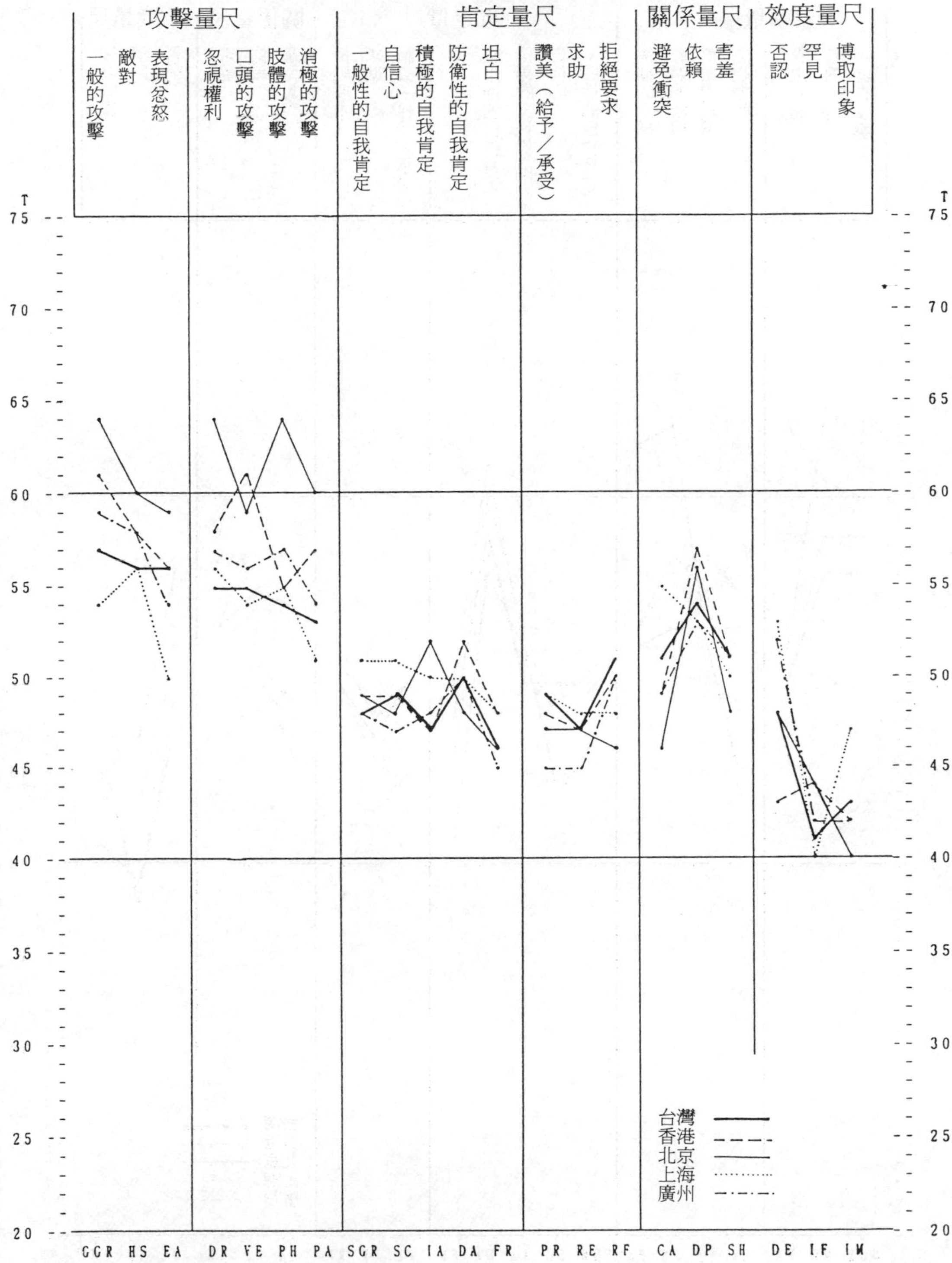

圖二　人際行為量表剖面圖(女性)

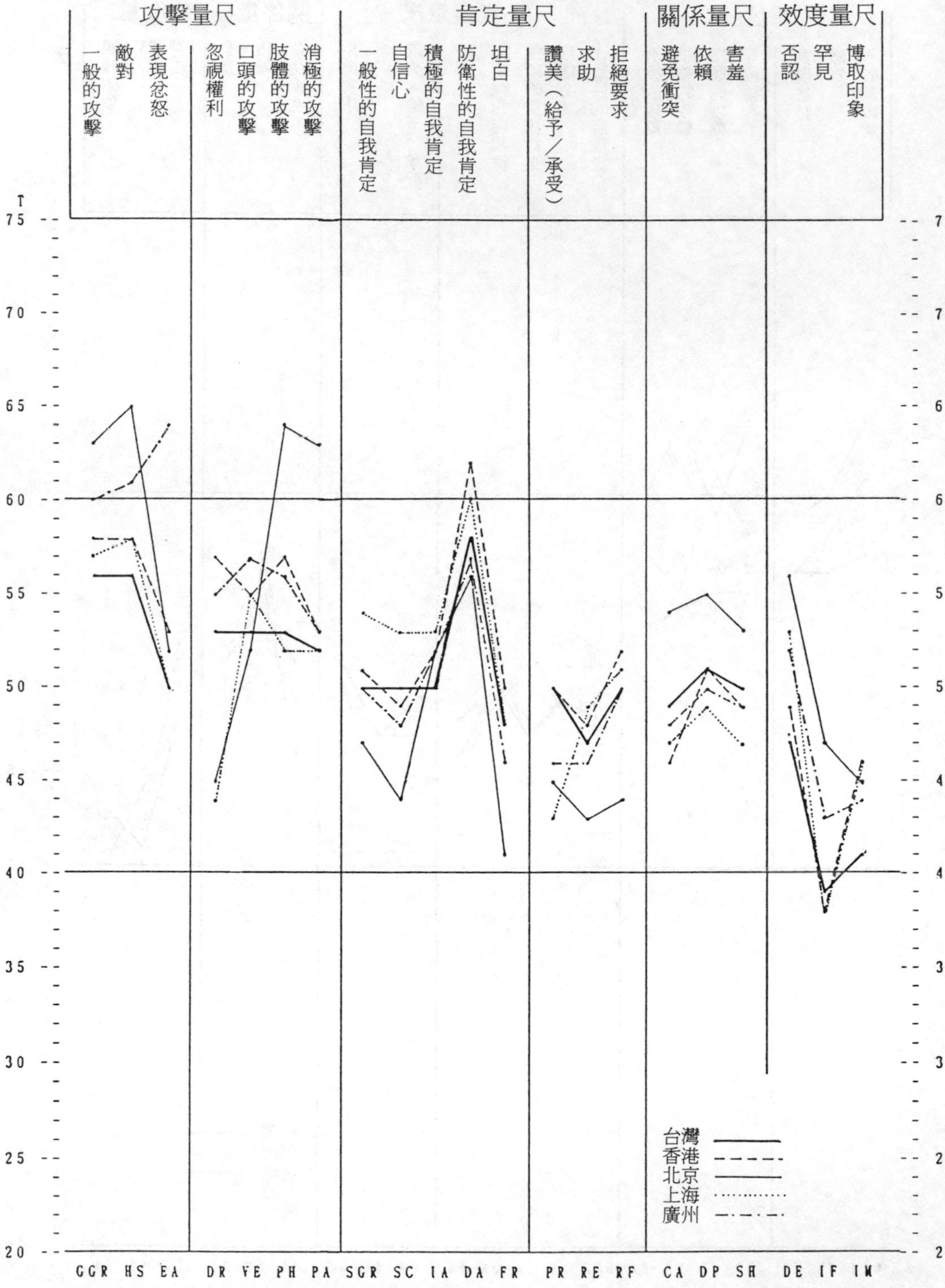
攻擊量尺
肯定量尺
關係量尺
效度量尺
一般的攻擊
敵對
表現忿怒
忽視權利
口頭的攻擊
肢體的攻擊
消極的攻擊
一般性的自我肯定
自信心
積極的自我肯定
防衛性的自我肯定
坦白
讚美(給予/承受)
求助
拒絕要求
避免衝突
依賴
害羞
否認
罕見
博取印象
T
75
70
65
60
55
50
45
40
35
30
25
20
GGR HS EA DR VE PH PA SGR SC IA DA FR PR RE RF CA DP SH DE IF IM
台灣
香港
北京
上海
廣州

一、不同地區企業主管人際行為之差異分析

表二為按地區所作的變異數分析結果。就整體而言，由於地區不同所展示出來的行為差異最為顯著，除人我關係向度中「避免衝突」、「依賴」、「害羞」三分量表，及「一般性的自我肯定」外，其他三向度內各分量表均具有區辨性。尤其在攻擊向度中，北京地區在「一般性的攻擊」、「敵對」、「表現憤怒」、「忽視權利」、「口頭的攻擊」、「肢體的攻擊」、「消極的攻擊」均與其他地區明顯有別，並皆為高於其他地區。至於自我肯定向度中，上海地區主管的「自信心」高於北京主管和廣州主管，北京主管比台灣主管的「積極自我肯定」高，而香港主管的「防衛性自我肯定」也高於北京主管，「讚美（給予／承受）」方面台灣主管高於廣州主管，上海主管則高於北京和廣州兩地之主管。上海、廣州、台北、香港四地主管均比北京主管會拒絕不合理的要求。

在效度向度方面，上海主管比香港和台灣主管不願承認一般社會中所不能接受的弱點（「否認」量尺），同時，這種情況廣州主管也高於台北和香港主管，北京主管也高過香港主管；而有一些少見的人際行為如：我喜歡惹別人生氣（「罕見」量尺），北京主管多過於台灣和上海主管。

二、不同性別企業主管人際行為之差異分析

表三中所呈現為性別的變異數分析結果。男性主管的「肢體攻

表二　不同地區企業主管人際行為之差異分析摘要表

分量尺	1.台灣 平均數	標準差	2.香港 平均數	標準差	3.北京 平均數	標準差	4.上海 平均數	標準差	5.廣州 平均數	標準差	F值	差異組別
1. 否認	4.53	1.74	4.24	1.94	5.17	1.80	5.38	1.71	5.21	1.87	8.04***	3>2;5>2;5>1;4>2;4>1;3>1;4;3>1
2. 罕見	.50	.76	.79	1.08	1.17	1.31	.48	.82	.79	1.04	8.86***	3>4;3>1
3. 博取印象	13.00	3.56	13.35	3.77	12.79	2.52	13.84	2.96	13.01	3.22	1.42	
4. 一般性的攻擊	8.18	4.52	9.69	5.57	11.20	4.73	8.02	3.97	9.45	4.33	8.64***	3>4;3>1
5. 敵對	5.27	2.92	6.43	3.80	7.20	2.93	5.63	2.73	6.40	3.02	7.90***	5>1;3>1;3>4
6. 表現積怨	5.96	4.23	6.57	4.46	7.12	3.43	5.22	3.87	6.38	3.64	2.98*	3>4
7. 忽視權利	2.47	1.43	2.99	1.73	3.82	1.64	2.95	1.50	2.79	1.63	11.76***	3>1;3>5;3>2;4>3>2
8. 口頭的攻擊	2.09	1.82	2.80	1.96	2.60	1.73	2.21	1.38	2.50	1.73	3.22*	
9. 肢體的攻擊	2.68	1.69	3.39	1.92	4.37	2.17	2.80	1.77	3.20	1.91	13.96***	3>1;3>5;3>4;3>2
10. 清楚的攻擊	7.26	4.41	8.68	4.79	10.68	4.94	7.01	3.71	7.86	3.90	12.01***	3>4;3>1;3>5
11. 一般性的自我肯定	31.17	9.39	31.99	9.20	30.13	7.51	33.67	8.66	31.13	7.19	2.21	
12. 自信心	8.88	3.50	8.79	3.63	7.93	3.72	9.77	3.31	8.15	3.04	4.63**	4>3;4>5
13. 積極的自我肯定	7.74	3.50	8.24	3.54	9.15	3.02	8.84	3.47	8.22	3.19	3.28**	3>1
14. 防衛性的自我肯定	10.15	2.95	11.09	2.68	9.46	2.46	10.48	2.72	10.16	2.63	3.47**	2>3
15. 坦白	7.08	2.15	7.31	2.14	6.39	1.74	7.17	2.15	6.67	2.06	3.47**	
16. 讚美給予/承受	4.64	2.32	4.43	2.20	3.86	2.04	4.99	1.90	3.76	2.02	7.87***	1>5;4>5;4>3
17. 求助	3.27	1.54	3.32	1.56	3.04	1.58	3.47	1.49	2.94	1.52	2.53*	
18. 拒絕要求	4.06	1.41	4.11	1.37	3.36	1.49	4.01	1.44	4.02	1.27	4.98***	4>3;5>3;1>3;2>3
19. 避免衝突	11.65	3.13	11.03	3.64	11.59	3.93	11.58	3.46	11.46	3.33	0.49	
20. 依賴	12.08	4.18	12.79	3.84	12.98	3.90	11.30	3.55	11.71	3.50	3.26*	
21. 筆差	8.52	4.82	8.55	4.43	8.04	4.06	7.30	4.30	8.43	3.89	1.40	

*p < .05　　**p < .01　　***p < .001

表三　不同性別企業主管人際行爲之差異分析摘要表

分　量　尺	男		女		F　值
	平均數	標準差	平均數	標準差	
1.　否認	4.86	1.85	4.97	1.85	0.52
2.　罕見	.81	1.05	.62	.96	6.00*
3.　博取印象	13.36	3.30	12.85	3.24	3.98*
4.　一般性的攻擊	9.48	4.66	8.83	4.64	3.21
5.　敵對	6.23	3.16	5.91	3.05	1.72
6.　表現憤怒	6.25	3.97	6.23	3.93	0.00
7.　忽視權利	3.06	1.73	2.68	1.47	9.08**
8.　口頭的攻擊	2.55	1.76	2.21	1.74	6.25*
9.　肢體的攻擊	3.50	1.98	2.82	1.83	20.76***
10.　消極的攻擊	8.41	4.38	7.68	4.47	4.54*
11.　一般性的自我肯定	31.48	7.91	31.33	8.89	0.05
12.　自信心	8.57	3.44	8.65	3.40	0.09
13.　積極的自我肯定	8.65	3.21	7.89	3.64	8.11**
14.　防衛性的自我肯定	10.03	2.60	10.39	2.89	2.86
15.　坦白	6.77	2.04	7.02	2.12	2.28
16.　讚美(給予／承受)	4.19	2.12	4.35	2.21	0.91
17.　求助	3.15	1.58	3.18	1.50	0.06
18.　拒絕要求	3.89	1.44	4.01	1.34	1.28
19.　避免衝突	11.58	3.42	11.42	3.41	0.38
20.　依賴	11.97	3.71	12.18	3.99	0.48
21.　害羞	8.08	4.34	8.50	4.30	1.53

*p＜.05　　**p＞.01　　***p.＜001

擊」、「忽視權利」、「口頭攻擊」、「消極攻擊」均較女性主管高，同時
男性主管的「積極的自我肯定」比女性高；男性主管比女性主管有較
多罕見的行爲，且企圖獲得他人的好印象。

三、不同教育程度企業主管人際行為之差異分析

　　表四中可分辨在兩岸三地的主管因為教育程度的不同，所呈現出來的差異：在攻擊量尺中除「肢體的攻擊」之外，「一般性的攻擊」、「敵對」、「表現憤怒」、「忽視權利」、「口頭的攻擊」、「消極的攻擊」不同教育背景的主管有顯著之差異。而在自我肯定方面，無論是「自信心」、「讚美」、「一般性的自我肯定」、「坦白」高學歷者均較低學歷者表現的強。效度量尺方面，研究所程度的主管比專科、大學程度主管希望得到好印象，而國中程度的主管比高中程度主管更不能承認一般常見但非社會所期望的弱點與感覺。

四、不同年齡企業主管人際行為之差異分析

　　就年齡而言，其差異較不明顯，僅有兩項達顯著水準，其中最年輕的一組，即25至35歲年齡層的「自信心」，比36至45歲的年齡為高，在人我關係方面，45歲以上的主管比25至35歲主管來得「依賴」。(**表五**)

五、不同業別企業主管人際行為之差異分析

　　表六中可分辨兩岸三地製造業與服務業主管間的差異。製造業的主管在「積極的自我肯定」、「讚美」、「一般性的自我肯定」方面均高於服務業主管。另外製造業的「否認」高於服務業，而服務業主管比製造業主管「害羞」。

表四　不同教育程度企業主管人際行為之差異分析摘要表

分量尺	1.國中 平均數	標準差	2.高中 平均數	標準差	3.專科 平均數	標準差	4.大學 平均數	標準差	5.研究所 平均數	標準差	F值	組別差異
1. 否認	5.44	1.61	5.32	1.84	4.67	1.86	4.77	1.94	4.86	1.52	3.95**	1>3
2. 孚見	0.69	0.89	0.67	0.83	0.83	1.09	0.76	1.10	.33	.55	2.51*	
3. 博取印象	13.23	2.87	13.11	3.23	12.67	3.16	13.02	2.35	14.69	3.60	3.91**	5>3;5>4
4. 一般性的攻擊	9.17	3.39	8.46	4.00	9.33	4.85	9.75	5.11	7.25	3.78	3.71**	4>5
5. 敵對	5.93	2.16	5.29	2.71	6.16	3.16	6.58	3.44	5.08	2.57	4.45**	4>5;4>2
6. 表現憤怒	6.85	3.23	6.43	3.70	6.48	3.85	6.25	4.22	4.41	3.97	3.48**	3>5;2>5
7. 忽視權利	2.46	1.41	2.39	1.36	3.02	1.67	3.20	1.68	2.47	1.41	7.12***	4>2;4>1
8. 口頭的攻擊	2.36	1.58	2.15	1.66	2.39	1.81	2.62	1.85	1.80	1.41	2.95*	4>5
9. 詆譭的攻擊	3.29	1.71	3.00	1.86	3.19	2.05	3.30	2.04	2.69	1.46	1.29	
10. 消極的攻擊	8.32	3.99	7.66	3.99	8.72	4.37	8.18	4.72	5.61	3.70	5.34***	4>5;1>5;3>5
11. 一般性的自我肯定	30.31	6.67	31.06	7.21	29.91	9.01	32.42	8.61	33.80	8.10	3.90**	4>3
12. 自信心	7.65	2.94	8.02	2.80	8.22	3.48	9.20	3.56	9.55	3.32	5.86***	4>1;5>1
13. 積極的自我肯定	7.99	2.96	7.93	3.33	7.75	3.55	8.68	3.54	9.16	3.27	3.18	
14. 防衛性的自我肯定	10.10	2.78	10.39	2.67	9.86	3.06	10.41	2.58	10.25	2.50	1.22	
15. 坦白	6.54	1.89	7.45	1.79	6.60	2.20	6.92	2.07	7.20	2.30	2.99*	2>3
16. 讚美 (給予/承受)	3.13	1.63	3.50	2.00	4.12	2.17	4.76	2.15	5.27	2.00	16.02***	3>1;4>2,4>3;5>1;5>2;5>3
17. 求助	2.92	1.52	2.76	1.46	3.02	1.55	3.39	1.51	3.47	1.58	4.39**	4>2
18. 拒絕要求	3.92	1.22	4.10	1.28	3.85	1.43	3.96	1.45	4.02	1.41	5.23	
19. 避免衝突	11.43	3.12	10.90	3.09	11.81	3.27	11.41	3.62	11.71	3.82	1.10	
20. 依賴	11.86	3.94	12.40	3.20	12.57	4.07	11.72	4.09	11.71	3.34	1.63	
21. 害羞	8.74	3.75	8.35	4.25	8.75	4.46	7.95	4.28	7.41	4.80	1.68	

*p<.05　**p<.01　***p<.001

表五　不同年齡企業主管人際行爲之差異分析摘要表

分　量　尺	1.25～35		2.36～45		3.45以上		F　值	差異組別
	平均數	標準差	平均數	標準差	平均數	標準差		
1.　否認	4.93	1.85	4.90	1.92	4.66	1.63	0.53	
2.　罕見	.68	1.00	.76	.96	.89	1.24	0.69	
3.　博取印象	13.19	3.31	13.38	3.24	13.28	3.62	0.08	
4.　一般性的攻擊	9.02	4.76	8.93	4.95	9.34	4.83	0.09	
5.　敵對	6.05	3.10	5.69	3.34	5.74	2.94	0.40	
6.　表現憤怒	5.92	3.87	6.35	4.26	6.98	4.13	2.18	
7.　忽視權利	2.78	1.59	2.99	1.71	2.83	1.60	1.39	
8.　口頭的攻擊	2.44	1.84	2.26	1.88	2.55	1.49	0.23	
9.　肢體的攻擊	3.04	1.89	3.31	1.96	3.40	2.19	1.41	
10.消極的攻擊	7.58	4.21	8.40	4.74	8.98	5.65	2.60	
11.一般性的自我肯定	32.26	8.55	30.49	8.88	31.00	9.17	1.06	
12.自信心	9.10	3.42	8.17	3.48	7.83	3.96	4.22*	1>2
13.積極的自我肯定	8.56	3.52	8.20	3.38	8.64	3.37	0.21	
14.防衛性的自我肯定	10.27	2.85	10.04	2.81	10.06	2.81	0.11	
15.坦白	6.95	2.08	6.88	2.08	7.13	2.17	0.28	
16.讚美(給予／承受)	4.57	2.23	4.34	2.08	3.98	2.25	1.46	
17.求助	3.34	1.53	3.00	1.51	2.91	1.66	2.93	
18.拒絕要求	4.01	1.42	3.88	1.46	3.64	1.56	1.26	
19.避免衝突	11.21	3.47	11.78	3.30	12.40	3.45	2.52	
20.依賴	11.62	3.75	12.34	4.09	13.32	4.13	4.20*	3>1
21.害羞	7.85	4.39	9.10	4.50	8.30	4.17	2.76	

表六　不同業別企業主管人際行為之差異分析摘要表

分　量　尺	製　造　業		服　務　業		F　值
	平均數	標準差	平均數	標準差	
1.　否認	5.11	1.85	4.58	1.81	12.72***
2.　罕見	.73	1.02	.69	.99	0.25
3.　博取印象	13.25	3.16	12.95	3.47	1.19
4.　一般性的攻擊	9.12	4.51	9.15	4.77	0.01
5.　敵對	6.07	2.98	6.02	3.17	0.04
6.　表現憤怒	6.09	3.73	6.37	4.22	0.73
7.　忽視權利	2.86	1.53	2.88	1.70	0.04
8.　口頭的攻擊	2.39	1.74	2.36	1.78	0.03
9.　肢體的攻擊	3.18	1.09	3.15	1.98	0.04
10.　消極的攻擊	7.99	4.43	8.23	4.50	0.45
11.　一般性的自我肯定	32.00	7.89	30.55	9.04	4.61*
12.　自信心	8.72	3.27	8.47	3.66	0.78
13.　積極的自我肯定	8.57	3.31	7.83	3.60	6.98**
14.　防衛性的自我肯定	10.24	2.69	10.19	2.83	0.06
15.　坦白	6.98	2.04	6.81	2.12	1.07
16.　讚美(給予／承受)	4.09	2.04	4.59	2.31	8.35**
17.　求助	3.21	1.50	3.07	1.58	1.28
18.　拒絕要求	3.99	1.41	3.89	1.39	0.76
19.　避免衝突	11.38	3.42	11.61	3.41	0.65
20.　依賴	11.91	3.80	12.37	3.95	2.15
21.　害羞	8.01	4.13	8.70	4.59	3.88*

*p＜.05　　**p＜.01　　***p.＜001

伍、討論與建議

一、本研究為兩岸三地主管人際行為之基礎研究。所使用之人際行為量表雖已在台灣地區發行使用，但是否適用於香港及大陸地區，尚有待進一步探討。此外，國外企業組織內常運用之測驗（Campbell & Velsor, 1985）如：加州心理量表（CPI）——480題，麥布二氏行為類型量表（MBTI）——166題，史氏興趣量表（SII）——325題，均因著作權之故無法採用並比較。日後如欲採行為科學工具作為人力資源管理之利器，建議以兩岸三地為目標，儘快創編適宜量表，或得到英、美授權，以發揮測驗在組織中不同的功能（Rose, 1993）。

二、針對兩岸三地的主管而言，本初探結果只是一個開始，許多變項尚待進一步分析，故無法深入探究其全貌。而在主管的層級方面，如能更詳細區分，在界定適宜之人際行為時可更具體清晰。

三、在同一量表的評量之下，北京地區的主管表現差異性極為顯著。是否有可能在中國大陸經濟活動的開放過程中，由廣州而上海，沿海而北上，愈早與外地發生經貿互動的主管，人際行為愈與其他經濟活動頻繁之地區接近；愈晚開放互動，或不是以經濟活動為主之地區，人際行為愈為不同。這一點尤其值得日後進一步研究探討。

四、在教育程度方面也有明顯的差異性，尤其是自我肯定方面的表現，高學歷主管自我概念較為正向。但非常有趣的是，除了「肢體

攻擊」之外，各種教育程度不同的主管會採用不同的方法去攻擊他人，也許這也是日後一個值得探索的課題。

五、年齡及業別方面的差異較少，在樣本人數上也略呈不均狀況，因此日後如有機會研究時，可於年齡及產業分類的區隔上做更精密的規定，進而探索所得結果。

六、本研究的初步結果可進行效度與長期的追蹤研究，以探討「高績效」的「大中華經濟圈」主管是否亦如西方社會一樣，屬於「高自我肯定與低攻擊性」的人際行爲類型。

七、設若肯定與攻擊兩軸的概念可以成立，則對「低自我肯定與低攻擊性」以及「低自我肯定與高攻擊性」之個別主管，可給予適當的「人際關係訓練」，以培養其自信心，進而提高其工作績效。

八、就測驗本身的運用上，可考慮將個人測驗結果回饋給當事人及其高階主管，以幫助當事人增進自我瞭解與成長，以及協助高階主管有效的領導（例如針對北京攻擊性高之主管，宜以理性方式與之溝通，不要激怒當事人）。

九、以本研究之「人際關係量表」爲經，可進一步結合人力資源管理之觀念，發揮更多功能。

陳彰儀、張裕隆（民82）曾提出一心理測驗綜合性運用之模式，指出心理量表可與主管人才之甄選、訓練、考核（晉升）、生涯輔導、組織診斷與發展等相互結合，以充分發揮心理測驗在人力資源管理上應用之功能，此亦爲未來可資努力之方向。

參考文獻

《文匯報》（民84）：〈專業人才自主擇業，中國擬五年內實現〉。11月
　　16日。

吳玉山（民83）：〈兩岸關係的變化與前景——經濟合作、政治疏離〉。
　　《邁向21世紀的台灣》，頁49～57。台北市：正中書局。

吳秉恩（民84）：〈企業國際化歷程與人力資源管理策略關係之研究〉。
　　國科會未發表之研究報告。

約翰·奈思比（1994）：《全球弔詭——小而強的年代》。台北市：天
　　下文化出版社。

柯永河、林幸台、張小鳳（民84）：《人際行爲量表指導手冊》。台北
　　市：測驗出版社。

洪志美、黃志康（民82）：《自我肯定訓練團體手冊》。台北市：桂冠
　　書局。

高希均、李誠、林祖嘉（民82）：《台灣突破——兩岸經貿追蹤》。台
　　北市：天下文化出版社。

高清愿（民84）：〈東方文明再露曙光〉。《台商經驗——投資大陸的現
　　場報導》，頁3-5。台北市：天下文化出版社。

陳百池、吳英璋（民70）：〈自我肯定量表修定報告〉。《測驗與輔導》，
　　10卷3期：743-744。

陳彰儀、張裕隆（民82）：〈心理測驗在工商企業上的應用〉。載於《心理測驗的發展與應用》。台北市：心理出版社。

張春興（民78）：《張氏心理學辭典》。台北市：東華書局。

張裕隆（民84年10月）：〈駐外經理人才的甄訓〉。《前瞻雜誌》。

張裕隆、葛門（民84）：〈心理測驗在預測壽險經理人員績效上之應用〉。尚未發表。

楊中芳（民80）：〈回顧港、台「自我」研究：反省與展望〉。《中國人‧中國心——人格與社會篇》，頁15-92。台北市：遠流出版社。

楊國樞（民79）：〈中國人與自然、他人、自我的關係〉。見文崇一、蕭新煌主編：《中國人——觀念與行為》。台北市：巨流圖書公司。

蔡順良（民73）：〈家庭環境因素、教育背景與大學生自我肯定性的關係暨自我肯定訓練效果研究〉。《教育心理學報》，卷17：197-230。

蔡順良（民74）：〈家庭社經地位、父母管教態度與學校環境對國中學生自我肯定及生活適應的影響研究〉。《教育心理學報》，卷18：239-264。

蔡順良（民75）：〈國中生自我肯定與社會興趣之關係暨性別困擾對不同情境自我肯定在友伴接納和人際吸引方面之影響〉。《教育心理學報》，卷19：149-176。

劉佩瓊編（民83）：《中國經濟大趨勢1994》。商務印書館。

Alberti, R., & Emons, M. (1975). *Stand up, speak out, talk back: The key* to assertive behavior. *Impact*, California: San Luis Obispo.

Alberti, R., & Emons, M. （1982）. *Your perfect right: A guide to assertive living* （4th ed.）. Impact, Califor-nia, San Luis Obispo.

Campbell, D., & Velsor, E. （1985）. *Personality assessment in organizations: The use of personality measures in a management development Program.* New York:CBS., 193-216.

Hargie, O., Saunders, C. & Dickson, D. （1987）. *Social skills in interpessonal communication.* Cambridge, Massachusetts: Brookline Books.

Lazarus, A. （1971）. *Behavior therapy and beyond.* New York: Mcgraw-Hill.

Mauger, P., & Adkinson, D. （1980）. *The interpersonal behavior survey: A handbook.* Los Angeles: Western Psychological Services.

McClelland, D. （1975）. *Power: The inner experience.* New york: Irvington-Wiley.

McCrae, R. R., & Costa, P. T. （1986）. Clinical assessment can benefit from recent advances in personality psychology. *American Psychologist, 41,* 1001-1003.

McCrae, R. R., & Costa, P. T. & Busch, C. M. （1986）. Evaluating comprehensiveness in personality systems: The Califorina Q-Set and the five-factor model. *Journal of Personality, 54,* 430-446.

Paniagua, F. A. （1994）. *Assessing and treating culturally diverse clients: Guidelines for the assessment and treatment of Asians.* California: Sage Publications, Inc., 55-72.

Rose R. G., Ph.D. (1993). *Practical issues in employment testing.* FL:PAR, 28-30.

Salter, A. (1949). *Conditioned reflex therapy.* New York : Capricorn Books.

Schein, E. H. (1982). Does Japanese management style have a message for American manager? *Sloan Management Review,* 23 (1), 55-68.

Wolpe, J. (1958). *Psychotherapy by reciprocal inhibition.* California: Stanford University Press, Stanford.

Yukl, G. A. (1989). *Leadership in organizations: Introduction, The nature of leadership* (2nd ed.). New Jersey: Prentice-Hall, 5-7.

台灣企業派駐大陸之管理人員的生活適應與一般員工的人力資源管理

黃國隆

台灣大學工商管理學系暨商學研究所

蔡啓通

銘傳大學企業管理學系

黃敏萍

台灣大學商學研究所

陳惠芳

東吳大學國際貿易學系

〈摘要〉

　　本研究的主要目的是針對台灣派駐大陸的企業管理人員之生活適應及人力資源管理進行定性與定量之研究。本研究主要欲探討如下的問題：

1、台灣派大陸的企業管理人員之生活適應、工作滿足、組織承諾及組織公民行為之情況如何？

2、派駐大陸之管理人員的個人背景變項、個人適應能力、派駐大陸動機、有無駐外經驗及環境變項對依變項（生活適應、工作滿足、組織承諾及組織公民行為）的影響如何？

3、這些管理人員任職之大陸公司與母公司在人力資源管理措施上有何差異？

　　本研究之定性與定量分析的主要結果如下：

　　一、本研究發現，台灣派駐大陸之企業管理人員認為其本人與一般大陸人在「社會文化價值」上之差距不大，此一結果可能反映出兩岸人民的價值觀受到數千年中國傳統文化（尤其是儒家倫理）之影響根深蒂固。再者，台灣派駐大陸之管理人員對大陸的社會文化價值觀都有深刻的體認，它將有助於減低這些管理人員所受到之兩岸社會文化價值觀差距的衝擊。此外，台灣派駐大陸之企業管理人員之「個人價值」與「公司的價值」兩者差距很小，其原因可能是這些大型民營企業大都是具有強勢的企業文化，其管理人員已經歷相當時間的組織社會化過程，而能夠接受及認同公司的價值。

　　二、一般而言台灣派駐大陸之企業管理人員在大陸的生活適應尚可（只屬中等程度），其原因可能是本研究中：⑴受測樣本的「個人適應能力」（包括調整文化差異的能力、人際技巧、解決衝突能力及容忍不確定性能力）只屬中等；⑵多數人（占58.9%）在大陸「沒有與配偶同住」，而「沒有與配偶同住者」之生活適應及工作滿足皆比「與配偶同住者」差；⑶母公司的行政支持程度只屬中等程度；⑷受測樣本在大陸之工作負荷有點過重，且各方對其工作之要求有點不一致。因此若欲增進駐外人員的生活適應，除了鼓勵其攜帶配偶前往駐居地，以幫助照料其生活起居之外，改善當事人的工作角色特性亦是一個相當必要的措施。

　　三、台灣派駐大陸之企業管理人員在大陸上工作所獲得之「家人、朋友及大陸員工的社會支持」屬中等程度。本研究進一步發現，「社會支援之程度」較高之企業管理人員在大陸上的「生活適應」及「工作滿足」均較佳。由此可見，社會人際關係的支持對駐外人員的生活適應具有正面的影響。

　　四、台灣派駐大陸之企業管理人員中「個人適應能力較佳者」，及「志願派駐大陸者」，其在大陸的生活適應較佳。可見個人的適應能力及外派意願均對生活適應有相當影響。然而，由本研究的典型相關分析中發現，對派駐大陸之管理人員的「生活適應」預測力最大之變項為環境變項中的「社會支援程度」，其次是「工作角色特性之變化程度」。相對而言，人口統計變項、「駐外人員與一般大陸人的價值差距」及「個人與公司的價值差距」的預測力均較低。

壹、緒論

自從1987年政府開放台灣民眾赴中國大陸探親以來，已有數百萬的一般民眾與企業界人士往來於海峽兩岸之間，雙方在經濟貿易上的接觸逐漸頻繁，互依程度也日益加深。根據經濟部統計，從1991年到1996年，該部核准之台商赴大陸投資件數累計11,637件，投資金額達68.7億美元，占同期台商對外投資金額的35.6%，中國大陸已成為台商對外投資最多的地區。而依中共統計，1996年全年台商在大陸投資項目則累計多達33,400件（兩岸經貿統計月報，1997年3月）。

相對於台灣而言，大陸經濟的改革開放政策實施較晚，許多企業的經營管理需要借重外來管理者及技術專家的經驗，以便協助大陸企業改善經營績效。基於同文同種的考量，很多跨國公司也紛紛由其在台灣之子公司調派台籍管理幹部或技術人員前往支援其大陸子公司的經營管理。台灣本地的許多企業更由老闆本人或派遣中、高階幹部前往大陸開疆闢土，並長期留駐大陸工作。這些旅居或派駐大陸工作的人員在當地的生活適應情況如何？他們的「生活適應良好與否」會不會對其「企業經營或工作績效」有明顯的影響？這些都是目前值得本地政府、企業界及學術界重視的問題。尤其當前台灣社會上有不少「旅居大陸台商或管理幹部的婚外情或一國兩妻」的傳言，造成一些家庭與社會問題。本研究的主要目的將針對台灣派駐大陸之企業管理人員

的生活適應進行深入的探討，此一研究成果不僅將具有企業管理實務上的價值，且就學術研究而言，亦將有助於跨文化管理及組織行為之知識的累積。

一、生活適應的意義

「適應」（adjustment）是心理學及精神醫學研究領域中經常被提及的一個重要概念。「生活適應」可定義為「個人與其生活環境間的互動關係」，亦即個人透過他對生活環境之認知、情緒與態度的改變而導致「個人及其生活環境二者相互的要求取得了協調一致時的狀態」。一個人的「生活適應」是否良好，除受個人性格（personality）因素的影響之外，同時也受生活環境因素的影響。「適應良好」的人常會表現出令人讚許的性格與行為特質，諸如和諧、快樂、自我關注（self-regard）、個人成長（personal growth）、個人成熟（personal maturity）、個人統整（personal integraton）、獨立自主、對生活環境有正確的認知以及能與生活環境有效地互動（王鍾和等人，1979；Tsai, 1995）。

楊國樞（1987）曾指出，由於現代化所造成的社會變遷對台灣地區民眾的生活適應與心理健康有相當的影響。例如，林宗義等人（Lin et al.,1969）、瞿海源（1980）、Yeh et al., （1985）的研究均顯示，在台灣社會變遷的過程中，精神或心理疾病與心因性胃腸潰瘍有增加的趨勢。林憲（1984）的研究也發現，在社會變遷的衝擊下，台灣地區民眾各種心理及精神疾病的罹患率有逐年改變的趨勢。楊國樞（1987）則歸納以往的研究發現，橫斷性（cross-sectional）的研究顯示在台灣的

社會變遷過程中，人們的心理健康有日漸增進的趨勢；但另一方面，貫時性（longitudinal）的研究結果卻顯示在社會變遷過程中，台灣民眾的心理疾病罹患率則有增高的趨勢。楊國樞認為上述兩類結果看似矛盾，實則不然，因為心理健康程度與心理疾病罹患率是兩種性質相當不同的指標。

二、企業駐外人員的生活適應

由於企業國際化的趨勢日益明顯，有愈來愈多的企業派遣其員工駐居國外，這些企業的駐外人員（expatriate）必須面臨「如何適應駐居地的特殊風俗文化及生活方式」的挑戰。他們這種因生活環境變遷而導致的生活適應問題近年來已引起學界廣泛的研究興趣，並已成為「國際人力資源管理」（international human resource management）中一個重要的課題。企業的駐外人員通常只是短期居留國外或其他不同文化地區者，而非長期居留國外的移民，因此與所謂的「旅居者」（sojourner）相類似。根據Lysgaard（1955）所提出的「U型適應理論」（the U-curve theory of adjustment），旅居者在旅居地之適應可分為三階段：(1)「得意及樂觀期」（period of elation and optimism）；(2)「挫折、抑鬱及慌亂期」（period of frustration, depression and confusion）；(3)「恢復期」（period of recovery）；此一「U型適應理論」也常被用來說明企業派駐海外人員的適應過程。Black（1991）則指出，一般的U型適應理論將駐外人員之文化適應過程分為四個時期：(1)蜜月期（honeymoon stage）──駐外人員對駐居地之文化感到新奇與興奮，

駐外人員的行為多能被當地人所諒解與包容，此一時期駐外人員之適應較佳；(2)幻滅期或文化衝擊期（disillusionment or culture shock stage）——駐外人員發現原來在母國可以被接受的行為卻被駐居地的人視為不適當，因此不確定性開始產生，而表現出焦慮、挫折及沮喪；(3)調適期（adjustment stage）——駐外人員逐漸能夠適應駐居地的文化及行為規範，並與當地人逐漸建立良好關係；(4)精熟期（mastery stage）——駐外人員能夠在駐居地有效地發揮其所長（柯元達，1994）。Torbiorn（1982）曾研究1,100名瑞典派駐在國外的經理人員之適應問題，結果發現「駐外時間長短」與「對地主國之生活滿意度」之間呈U字型相關。Black & Mendenhall（1990）則採用「社會學習理論」（social learning theory）來解釋駐外人員的U型適應現象。然而Church（1982）卻指出，U型適應理論並未獲得實證研究結果的有力支持。

有關駐外人員的性格特質與其海外適應之關係的研究方面，Church（1982）曾歸納許多有關的實證研究，結果發現駐外人員之性格特質與其海外適應的相關並不顯著。Black（1990）針對250名駐美的日籍經理所做的實證研究則發現，這些駐美經理的文化彈性、社會取向、溝通意願、衝突解決取向等特質與其駐外的生活適應有顯著相關，即這些特質與能力愈佳者，其生活適應愈好（顧鳳姿，1993）。

Black & Stephens（1989）的研究顯示，駐外人員的工作適應及「與地主國人士社會互動的適應」均與其留駐意願有正相關。Baysinger & Mobley（1983）則發現：駐外人員的留駐意願可以有效地預測其離職。Black & Gregersen（1990）針對321位美國駐外人員之研究顯示：(1) 駐

外人員的留駐意願與其工作適應無顯著相關，但留駐意願與「一般文化適應」及「與地主國人士社會互動的適應」有顯著相關。(2) 駐外人員的整體適應與組織承諾均分別與其留駐意願呈正相關。(3) 駐外人員在組織中的位階與其工作適應呈負相關（柯元達，1994）。

　　Guzzo, Noonan & Elron（1994）曾指出，駐外之管理者（expariate managers）及其家庭在工作內外的生活受到母公司管理政策之影響甚大，例如母公司提供住宿、補助孩童教育、提供配偶工作機會、給予探親假或其他個人服務等，都可能影響這些駐外之管理者及其家人的生活適應；根據Guzzo等人對美國六十三家大型企業的200名駐外管理者的研究結果顯示，這些駐外人員如果感覺母公司支持他們，尤其是在工作或福利上給予支援，則對他們之組織承諾有顯著正面影響，同時透過組織承諾可明顯降低這些駐外人員的離職意圖。

　　Black（1987）曾研究76位美國企業派駐日本之管理者的工作角色轉型，他指出管理者面對新工作角色時，會有不同的個人調適新角色的方法，稱之為調適模式。多位學者認為個人對新工作角色的調適主要有兩種方式，即改變新角色來配合自己或改變自己的態度和行為來適合新角色的期望；Nicholson（1984）則擴大此調適模式為四種方式：㈠複製（replication）──指面對新工作角色時，個人作極小的身份或行為調整即可適應新角色，同時角色本身也無需改變；㈡吸收（absorption）──指面對新工作角色時，角色本身不改變或極微小改變，而是修正自己的態度和行為自來適應新角色的需求；㈢決心（determination）──即面對新工作角色時，個人不改變而只改變新角

色；㈣探索（exploration）──指同時改變自身與工作角色。Black認為駐外人員除面對新工作角色外，還須面臨駐居地之風俗習慣與文化的衝擊，故討論他們的適應時應包括兩個向度，即工作調適（work adjustment）與一般調適（general adjustment）。Black的研究結果顯示，工作角色模糊性和角色自主性會影響工作調適，而派任前具備的知識、對派駐國的了解及家人的適應則與駐外之管理者的一般適應有關。

　　Black, Mendenhall & Oddoon（1991）的研究結果歸納出五個影響駐外人員文化適應的主要因素：即事前的訓練、當事人的先前派外經驗、組織甄選方式、個人能力及非工作因素（包括文化新奇性、家人的適應等）。此外他們更進一步指出某些工作因素（如角色模糊性與角色衝突）可能影響派外人員的適應。

　　根據Arthur & Bennett（1995）對338位企業海外派駐人員的問卷調查結果顯示，成功的駐外人員有下列幾類特質：

　　1.工作知識與動機，如具備管理與組織才能、責任心、勤勉、創造力高、坦白及堅忍不拔。

　　2.相關人際技能，如尊重他人、和藹、同理心、正直及信心。

　　3.彈性/適應力，如處理壓力的能力佳、情緒穩定、能容忍模糊性、彈性大、適應力強、獨立、可靠、具有政治敏感度等。

　　4.對異國文化的開放程度，如有多樣嗜好、對異國文化感興趣、開放、熟悉當地語言、外向、具有駐外經驗。

　　5.家庭的配合，如配偶與家庭支持、配偶願意居留海外、婚姻穩定等。由此可知，企業在遴選駐外人員時最好能考慮這些人員的上述特

質，才能使海外的業務拓展順利成功。

　　在台灣，顧鳳姿（1993）曾針對「資訊業駐外經理之海外適應」進行研究，其結果顯示：(1)駐外經理個人特質中的「調整文化差異的能力」及「人際技巧」均與海外適應有正相關。(2)工作特性中的「模糊性、衝突性、過度負荷及彈性」均與海外適應有顯著相關。(3)已婚、與配偶或子女同住、或具有駐外經驗者之海外適應較佳。(4)駐外經理個人特質能與其工作角色特性相搭配者，則其海外適應較佳。(5)組織特性對海外適應有調節效果。

　　柯元達（1994）也曾探討「台商派駐大陸之經理人的適應問題」，其研究結果顯示：(1)「內控型性格」及「總公司的支援程度」分別與海外適應有顯著正相關，而「外控型性格」及「工作角色特性不良」分別與海外適應均有顯著負相關。(2)多數的「海外管理政策」對海外適應無顯著影響。

三、企業駐外人員的人力資源管理

　　企業駐外人員的人力資源管理是本研究想要探討的另一個課題。李誠（1997）認爲企業海外投資所涉及的人力資源管理問題包括員工招募、訓練、工資政策與結構、及勞資爭議處理等。他指出不同國籍的企業對派駐大陸的主管人數有不同的策略，比較起來台商最喜歡派遣大量主管人員前往大陸，主要是他們懂得當地語言，風俗習慣也相近，甚至在當地有親戚，在生活津貼、心理與生理上的調適成本比其他外商來得低。許多外商亦喜歡派遣在台分支機構的台籍幹部前往中

國大陸，這也是造成台籍主管在大陸日益增多的主因。

　　日本學者Shiraki（1997）指出，根據日本的研究顯示，日本企業目前在東協國家投資經營面對的最大議題是勞工問題，幾乎有20%以上的日本企業都面臨勞資糾紛，其次為員工薪資問題，這也說明勞資雙方及員工之間公平分享報酬在海外投資經營的重要性。Shiraki亦提出日本企業在海外面臨的另外一個大問題是外派人員與當地員工溝通不良而常引發不必要的爭端與勞資糾紛。由此可知勞資問題、薪資公平性及溝通問題是日本企業在海外投資時最需要費心的管理問題。

　　黃英忠（1996）曾用重要事例法研究台商赴大陸投資時派遣人員的甄選決策與訓練，其分析結果顯示，派外人員之甄選準則應考量：眷屬的態度或隨行意願、因地因人的有效領導技能、制定合理制度並堅持執行制度的知識與技能、良好的人際關係能力、與母公司取得良好溝通、文化覺察能力、傳承母公司企業文化的技巧、教育與訓練的知識與技巧、蒐集相關資訊的知識與技巧、相關的專業知識與技能。這些也是派外人員赴任之前應加強訓練的重點。

　　黎維山（1996）對多國籍企業海外人力派遣問題之研究結果指出：多國籍企業在海外人力派遣制度上應考量人員選任及赴任前之準備和培訓、薪資福利、激勵和管理發展、及返任後職務安排等問題。在選任時應注重派遣人員的適應能力，包括應變能力、人際關係技巧、開放的思想與正直誠實等特質。在激勵與管理上應關心派遣人員的生活與工作，避免因生活苦悶而造成心理或生理的偏差，對駐外人員之福利應設想周延，對其家屬要提供服務與協助，使駐外人員能安心在海

外工作。

四、研究目的與研究架構

本研究的主要目的即是針對台灣派駐大陸的企業管理人員之生活適應及人力資源管理進行定性與定量之研究。本研究主要欲探討如下的問題：

1.台灣派駐大陸的企業管理人員之生活適應、工作滿足、組織承諾及組織公民行為之情況如何？

2.派駐大陸之管理人員的個人背景變項、個人適應能力、派駐大陸動機及有無駐外經驗對效標變項（生活適應、工作滿足、組織承諾及組織公民行為）的影響如何？

3.派駐大陸之管理人員所處的環境變項對效標變項的影響如何？

4.本研究之個人變項及環境變項中那一個對依變項有最高的預測力？

5.這些管理人員任職之大陸公司與母公司在人力資源管理的措施上有何差異？

本研究之觀念架構如下圖所示：

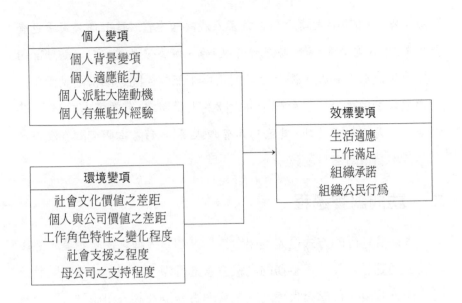

貳、研究方法

一、研究對象

　　台灣地區的受訪對象為在台灣與大陸均有投資設廠之大型民營企業的負責人或高級主管。研究者透過關係介紹並徵得同意後，再對各家公司進行訪談。合計共訪談了四家企業的高級主管。

　　大陸地區的受訪對象則為上海、南京、蘇州一帶大型的合資企業之負責人或高級主管。透過該企業在台灣母公司相關人員的協助連繫，再經大陸公司確認同意後，前往大陸進行訪談。總計訪談七個合

資廠（公司）的9位大陸公司之負責人或高級主管（這七個公司中包含食品業2家、電子業3家、房屋仲介業1家、辦公傢具業1家）。訪談部份係採用半開放式問題，總計受訪對象為十三位。問卷部份則請受訪公司的主管交由該公司自台灣派駐大陸的人員填寫，有效樣本共73人（其中除三位是一般職員外，其餘均為管理人員）。有關本研究問卷調查樣本之各項特徵請參見附錄一。

二、訪問調查過程

本研究進行的方式是先選出台灣地區四家大型之民營企業，然後對該公司熟悉大陸公司事務的高級主管進行深度訪談，請他說明該公司的派外政策、台灣與大陸之企業管理實務以及該公司派駐大陸人員的適應狀況……等問題。研究者依據訪談結果加以整理分析，做為問卷編製的參考。

接著研究者前往大陸地區實地進行調查，研究方式則採訪談與問卷調查兩者並用。每家大陸地區的受訪公司，皆請其公司高階主管多人接受深度訪談，以瞭解其經營管理實務以及台灣派駐大陸人員之適應情況，同時請該公司的台灣派駐大陸人員填答問卷。

每家公司高級主管受訪時間平均約在1～2小時左右，每位受訪者填答問卷則約費時30分鐘。

三、測量工具

1.「社會文化價值觀」量表

　　社會文化價值觀的衡量主要是採用Hofstede等人（1990）所發展的價值觀量表，其內容分為三個因素：安全需求、工作中心性以及權威需求；此外再加入Bond及Pang（1989）所發展的「儒家工作動力」因素（屬中國人價值觀的特有因素）。洪春吉（1992）曾以此四個構面進行台灣地區中、美、日資企業文化的比較，得到量表之內部一致性係數均在0.60～0.83之間；而各分量表（因素）的再測信度經其檢驗分別為：工作中心性0.65，權威需求0.62，安全需求0.68，儒家工作動力0.68。

　　本研究基本上採用洪春吉研究中的相關量表題項，並再參考原文，選取其中因素負荷量較高且利於閱讀填答之題項，加以翻譯修正後，得到25個題目。測量方式採Likert式六點量尺，同時測量受測者「個人的社會文化價值觀」與其知覺到的「大陸一般人之社會文化價值觀」（兩者題目相同，但對象不同）。研究結果顯示：「大陸一般人之社會文化價值觀」量表各題項的內部一致性係數Cronbach's α值為0.6011，「個人的社會文化價值觀」量表的Cronbach's α為0.7045，顯示此量表的內部一致性程度可以接受。

2.「企業文化價值觀」量表

　　本研究採用鄭伯壎（1993）之「組織文化價值觀量表」來衡量企業文化價值觀。鄭伯壎（1993）認為可由下列四個因素（構面）來瞭解組織的文化價值觀：(1)「團隊取向」，是指組織對員工的尊重與重視人際和諧程度，共有12題，其Cronbach's α值為0.91；(2)「安定取向」，是指組織重視守成安定、短期成果導向與歷史導向的程度，共7題，其

Cronbach's α值為0.85；(3)「績效取向」，是指組織對成本效益、工作績效及技術創新的重視程度，共 8題，其Cronbach's α值為0.81；(4)「敬業取向」，是指組織對員工勤勞敬業與奉獻服務的重視程度，共3題，其Cronbach's α值為0.72。

　　本量表係採用Likert式六點量尺，同時測量「個人對上述四個因素的重是程度」與其知覺到之「公司對上述四個因素的重是程度」，以瞭解此二者之差距及此差距之可能影響。本研究結果顯示前者之量表Cronbach's α值為0.7875，而後者之量表Cronbach's α值為0.8382，顯示此問卷的內部一致性良好。

3.「工作角色特性之變化程度」量表

　　此一量表主要是衡量個人因派駐大陸所面對的「工作上之要求不一致」、「工作過荷」及「工作彈性」的程度，測量方式係採用Likert式六點量尺。量表的編製主要參考顧鳳姿（1993）之研究問卷中的相關題目，選取其在工作「新奇性」、「模糊性」、「衝突性」及「工作彈性」各因素上負荷較高的題目，共計5題。本研究發現此量表之Cronbach's α值為0.5807，顯示內部一致性尚接受。

4.「社會支援之程度」量表

　　此量表是衡量「個人在大陸工作時所得到的人際支援」，包括與家人、同事以及朋友的交往關係。此量表主要是根據本研究深度訪談的結果編製而成，亦採用Likert式六點量尺，共計5題。研究結果顯示此量表之Cronbach's α值為0.6082，其內部一致性尚可接受。

5.「母公司之支持程度」量表

　　此量表是衡量母公司是否對派駐大陸人員提供外派前的必要訓練與生活上的協助，以及母公司對派駐大陸人員的干涉控制方式。此量表一部份係參考顧鳳姿（1993）派外適應研究之相關題目，一部份則根據本研究的訪談結果而編成的題目，共9題，係採用Likert式六點量尺，本量表之Cronbach's α值為0.5663。

6.「個人適應能力」量表

　　此量表主要測量「個人適應文化差異的能力、人際技巧的能力、解決衝突的能力以及容忍不明確狀況的能力」，這些能力對派外人員的生活適應都有正向的幫助。此部份量表主要參考顧鳳姿（1993）之研究的相關題目，並選取其中因素負荷量較高者，共計7題，採用Likert式六點量尺，以衡量個人適應的能力。

7.「生活適應」量表

　　「生活適應」量表係衡量受測者的「個人適應」、「社會適應」與「整體適應」程度，它可讓我們了解派駐大陸人員的生活適應狀況。此量表部份參考顧鳳姿（1993）與柯元達（1994）的派外適應研究之相關題目，另外參考本研究的訪談結果，編成含8個題目的量表，採用Likert式六點量尺。本研究所求得的量表之Cronbach's α值為0.8578，顯示其內部一致性相當良好。

8.「組織承諾」量表

　　「組織承諾」量表係衡量個人對特定組織的認同與投入的程度。本研究所用之量表係黃國隆（1995）根據Porter等人（1974）對組織承諾之定義及其所設計的量表加以精編而成，包括3個題目，採用Likert

式六點量尺。黃國隆發現此三個題目的內部一致性Cronbach's α值為0.90，本研究求得之Cronbach's α值則為0.9323。

9.「工作滿足」量表

　　本量表第一至六題取自「密西根組織評鑑問卷」，測量個人對工作之「內在獎賞滿足」及「外在獎賞滿足」的程度，第七題則測量「整體工作滿足」。此量表係採用Likert式六點量尺，曾為戚樹誠（1993）、黃國隆（1994）等人的研究所採用，均有良好的信度，Cronbach's α值為0.84。本研究求得之Cronbach's α值則為0.8583。

10.「組織公民行為」量表

　　「組織公民行為」量表係測量員工的「利他行為」與「盡職行為」，亦即組織成員是否能主動協助他人以幫助組織目標的達成，並服從內部的規範，以符合工作單位的要求。本量表係鄭伯壎（1990）修訂Smith等人的「組織公民行為」量表而得，採用Likert式六點量尺。本研究選取「利他行為」與「盡職行為」二構面中因素負荷量高於0.64的題目，共計6題。本研究發現此量表的Cronbach's α值為0.7870，內部一致性可以接受。

四、資料分析方法

　　本研究之資料分析方法包括定量與定性兩種方式。在定性分析方面，研究者先將深度訪談的錄音帶逐字翻譯成文字後，再行整理編碼，以進行內容分析。

　　在定量分析方面，則將調查問卷先行整理編碼，並依據研究架構

分析各變項間的關係。主要分析方法包括：描述性分析、簡單相關分析、單因子多變量變異數分析與典型相關分析等。

參、研究結果

一、定量研究結果

在定量分析方面，本研究以「兩岸社會文化價值之差距」、「個人與公司之價值的差距」、「工作角色特性之變化程度」、「社會支援之程度」、「個人適應能力」及「母公司之支持程度」爲預測變項，而以「生活適應」、「組織承諾」、「工作滿足」及「組織公民行爲」爲效標變項，進行各項統計分析，所得之主要結果分述如下：

㈠台灣派駐大陸之企業管理人員在預測變項及效標變項上的平均分數及相關係數

1. 台灣派駐大陸之企業管理人員（即本研究之受測者）在預測變項上的平均分數分別爲：

(1)受測者在「兩岸社會文化價值的差距」之平均分數爲1.31分（標準差爲0.52），表示大陸一般人與受測者在社會文化價值之差距不大。

(2) 受測者之「個人與公司之價值的差距」之平均分數爲0.62分（標準值爲0.48），表示受測者之個人與公司之價值的差距很

小。

(3)「工作角色特性之變化程度」的平均分數為3.96分（標準差為0.76），表示受測者覺得他在大陸的工作負荷有點過重，各方對其工作要求有點不一致，以及他在制定大陸管理政策時，不太受總公司的限制。

(4)「社會支援之程度」的平均分數為3.88分（標準差為0.77），表示受測者「有點同意」其派駐大陸時的工作與生活受到家人、朋友、以及大陸員工的照顧和支持。

(5)「個人適應能力」的平均分數為3.99分（標準差為0.40），表示受測者面對文化差異時所具備的調整文化差異的能力、人際技巧、解決衝突的能力、及容忍不確定性的能力尚可。

(6)「母公司之支持程度」的平均分數為3.32分（標準差為0.61），表示母公司對受測者在大陸之工作的行政支援程度尚可（屬於中等程度）。

2. 台灣派駐大陸之企業管理人員在效標變項上的平均分數：

(1)「生活適應」之平均分數為3.64分（標準差為0.59），表示受測者對派駐大陸後的生活與工作之適應狀況尚可。

(2)「組織承諾」之平均分數為5.02分（標準差為0.76），表示受測者同意「願意為公司付出更多心力、渴望繼續成為公司的一份子、願意接受公司的目標與價值」。

(3)「工作滿足」之平均分數為4.20分（標準差為0.78），表示受測者對目前的工作具中等滿意程度。

(4)「組織公民行為」之平均分數為5.04分（標準差為0.55），表示受測者認為他在目前任職之公司中的「利他行為」及「盡職行為」均屬良好程度。

3. 預測變項與效標變項間之相關係數：

(1)「生活適應」與預測變項間之相關程度

表一顯示：

甲、受測者在大陸之「工作角色特性之變化程度」愈大，則其在大陸的「生活適應」愈差（$r = -0.455, p < 0.001$）。

乙、受測者在大陸工作時所獲得的「社會支援」（包括家人、朋友、以及大陸員工的照顧和支持）之程度愈高，則其在大陸的「生活適應」愈佳（$r = 0.696, p < 0.001$）。

丙、受測者之「個人適應能力」（包括調整文化差異的能力、解決衝突的能力、容忍不確定性的能力及人際技巧）愈佳，則其在大陸的「生活適應」愈佳（$r = 0.323, p < 0.01$）。

(2)「組織承諾」與預測變項間之相關程度

表一顯示「組織承諾」與各預測變項之相關均未達顯著水準。

(3)「工作滿足」與預測變項間之相關程度

表一顯示，受測者目前在大陸工作時所獲得的「社會支援之程度」愈高、其「個人適應能力」愈佳及「母公司之支持程度」愈高，則受測者目前在大陸的「工作滿足」愈高（r值分別為0.314、0.288、0.453；p值分別小於0.01及0.001）。

(4)「組織公民行為」與預測變項間之相關程度

表一顯示，受測者覺得其個人與一般大陸人之「社會文化價值之差距」愈大以及「受測者之個人適應能力」愈佳，則受測者的「組織公民行為」（包括「利他行為」及「盡職行為」）愈佳（r值分別為0.300、0.302；p值均小於0.01）。

表一　各研究變項之相關係數值(r)

預測變項	效標變項			
	生活適應	組織承諾	工作滿足	組織公民行為
兩岸社會文化價值之差距	−.184	−.055	−.102	.300*
個人與公司之價值的差距	−.139	−.151	−.124	.036
工作角色特性之變化程度	−.455**	−.165	−.146	.045
社會支援程度	.696**	.181	.314*	.206
個人適應能力	.323*	.070	.288*	.302*
母公司之支持程度	.244	.142	.453**	.096

人數：73人　　* p＜.01　　* * p＜.001

㈡不同個人背景變項之台灣派駐大陸的企業管理人員在效標變項上的差異

為了探討不同個人背景變項之台灣派駐大陸的企業管理人員在效標變項上的差異，本研究分別針對各個不同的個人背景變項在效標變項上的差異進行單因子多變量變異數分析（One Way MANOVA）。此處的效標變項包括「生活適應」、「組織承諾」、「工作滿足」及「組織公民行為」。MANOVA檢定結果彙總於表二。由表二可看出，「是否與配偶同住」之變項對效標變項的整體影響達顯著水準（Wilks' λ = .73733, F = 5.967, p < 0.001）。「派駐大陸動機」之變項對效標變項的整

體影響亦達顯著水準（Wilks'λ＝.82201, F ＝3.627, p＜0.05）。

**表二　不同個人背景變項之台灣派駐大陸的企業管理人員在
效標變項上之差異的MANOVA檢定結果**

個人背景變項	Wilks' λ值	F 值
性別	.98537	.25241
年齡	.64498	1.23337
工作性質	.70228	1.52701
教育程度	.89617	.61664
職稱	.84344	.95418
婚姻	.94888	.91587
是否與配偶同住	.73733	5.96712***
子女數	.83333	1.03987
子女是否在大陸就學	.93741	1.10168
在大陸任職年資	.73651	1.31095
派駐海外經驗	.98332	.28836
派駐大陸動機	.82201	3.62699*

*p＜0.05　　***p＜0.001

　　為了進一步了解「是否與配偶同住」之變項對那幾個效標變項的
影響達顯著水準，本研究乃進行單因子單變量變異數分析（One Way
ANOVA）。

　　檢定結果彙總於**表三**。由**表三**顯示，「是否與配偶同住」對「生活
適應」之影響達顯著水準（ F＝4.6099, p＜.05）。由平均數可知，「與
配偶同住者」的生活適應程度（平均數＝3.8128）優於「未與配偶同住
者」（平均數＝3.5147）。「是否與配偶同住」對「工作滿足」之影響亦

達顯著水準（F =23.0206, p＜.001）。由平均數可知，「與配偶同住者」的工作滿足（平均數＝4.6590）高於「未與配偶同住者」（平均數＝3.8721）。「是否與配偶同住」對「組織承諾」及「組織公民行為」之影響則皆未達顯著水準（F值分別為3.2474及1.6862，p值均大於0.05）。

表三　「是否與配偶同住」之台灣派駐大陸的企業管理人員在效標變項上之平均分數的差異分析

個人背景變項 效標變項	與配偶同住			沒與配偶同住			F　值
	平均數	標準差	人　數	平均數	標準差	人　數	
生活適應	3.8128	.6000	29	3.5147	.5626	43	4.6099*
組織承諾	5.2183	.5218	29	4.8909	.8780	43	3.2474
工作滿足	4.6590	.6135	29	3.8721	.7249	43	23.0206***
組織公民行為	5.1493	.4617	29	4.9763	.6086	43	1.6862

*p＜0.05　　***p＜0.001

　　本研究亦針對「派駐大陸動機」之變項對效標變項的影響進行單因子單變量變異數分析。檢定結果彙總於**表四**。由**表四**可發現，「派駐大陸動機」不同者在「生活適應」上之差異達顯著水準（F＝8.5703, p＜.01）。由平均數可知，「志願派駐大陸者」的生活適應（平均數＝3.7162）顯著高於「非志願派駐大陸者」（平均數＝3.08）。「派駐大陸動機」不同者在「組織承諾」上之差異也達顯著水準（F＝7.8321, p＜.01）。由平均數可知，「志願派駐大陸者」的組織承諾（平均數＝5.1022）顯著高於「非志願派駐大陸者」（平均數＝4.2857）。再者，「派駐大陸動機」

不同者在「工作滿足」上之差異亦達顯著水準（F＝11.3592, p＜.01）。
由平均數可知，「志願派駐大陸者」的工作滿足（平均數＝4.2842）顯
著高於「非志願派駐大陸者」（平均數＝3.3057）。至於「派駐大陸動機」
不同者在「組織公民行爲」上之差異則未達顯著水準（F＝.9443, p＞
.05）。

表四　派駐大陸動機不同之台灣派駐大陸企業管理人員在效標變項上之平均分數的差異分析

個人背景變項 效標變項	志　願　者			非志願者			F　值
	平均數	標準差	人　數	平均數	標準差	人　數	
生活適應	3.7162	.5486	6	3.0800	.5203	7	8.5703**
組織承諾	5.1022	.5590	65	4.2857	1.7150	7	7.8321**
工作滿足	4.2842	.6694	65	3.3057	1.1974	7	11.3592**
組織公民行爲	5.0714	.5140	65	4.8571	.8751	7	.9443

**p＜ 0.01

㈢預測變項（個人變項與環境變項）與效標變項之典型相關分析

　　本研究以台灣派駐大陸的企業管理人員之個人變項（性別、教育
程度、婚姻、是否與配偶同住、子女數、子女是否在大陸就學、派駐
海外經驗、派駐大陸動機、個人適應能力）及環境變項（兩岸社會文
化價值之差距、個人與公司之價值的差距、工作角色特性之變化程度、
社會支援之程度、個人適應能力及母公司之支持程度）爲「預測變項」，
而以生活適應、組織承諾、工作滿足及組織公民行爲當做「效標變項」

進行典型相關分析（canonical correlation analysis），其結果摘要請見**表五**及**表六**。我們若將**表六**中典型因素負荷絕對值大於0.4以上者視為重要負荷量，則可歸納出下列一些主要發現：

1.台灣派駐大陸之企業管理人員本身若在大陸「未與配偶同住」、「非志願派駐大陸」、「個人適應能力」愈低、在大陸的「工作角色特性之變化程度」愈大，所獲得的「社會支援程度」愈低、「母公司在行政上對其支持之程度」愈低，則其「生活適應」及「工作滿足」皆愈低。

2.台灣派駐大陸之企業管理人員本身若在大陸「未與配偶同住」及「母公司在行政上對其支持之程度」愈低，則其「工作滿足」愈低。

表五　台灣派駐大陸之企業管理人員之個人變項、環境變項與效標變項之典型相關分析摘要表

典型因素	特徵值	典型相關係數	自由度	F　值
1	1.927	0.811	56	2.688***
2	.664	0.632	39	1.735**
3	.516	0.583	24	1.396
4	.123	0.331	11	.625

** $p < 0.01$　*** $p < 0.001$

表六 台灣派駐大陸之企業管理人員之個人變項、環境變項與
效標變項之典型因素負荷量

變 項	典型因素 I	典型因素 II
預測變項		
個人變項		
性別	−.047	.033
教育程度	−.098	.158
婚姻	.069	.250
是否與配偶同住	−.485*	−.526*
子女數	.044	−.300
子女是否在大陸就學	−.243	−.222
派駐海外經驗	−.105	−.093
派駐大陸動機	−.437*	−.216
個人適應能力	−.450*	−.215
環境變項		
兩岸社會文化價值之差距	.241	−.131
個人與公司之價值的差距	.188	−.038
工作角色特性之變化程度	.515*	−.372
社會支援之程度	−.830*	.229
母公司之支持程度	−.424*	−.523*
效標變項		
生活適應	−.949*	.238
組織承諾	−.307	−.282
工作滿足	−.670*	−.710*
組織公民行為	−.195	−.228

*表示典型因素負荷量絕對值大於0.4

㈣受測者任職之「大陸公司」與其「母公司」在人力資源管理措施上
　　之差異

　　表七顯示，受測者任職之「大陸公司」與其「母公司」在十二項
人力資源管理措施上共有四項（「個人成長機會」、「昇遷機會」、「教育
訓練」及「勞工保險」）之差異達顯著水準，其餘八項（「福利制度」、
「薪資水準」、「績效評估」、「員工招募」、「甄選制度」、「獎懲制
度」、「退休制度」、「工作評價制度」）之差異均未達顯著水準。茲就差
異達顯著水準者分述於後：

　　1.在「個人成長機會」方面，受測者任職之「大陸公司」與其「母
　　　公司」之差異達顯著水準（t = 4.25, p < 0.001），亦即受測者認爲
　　　「大陸公司」提供的「個人成長機會」（平均數 = 4.451）優於母
　　　公司（平均數 = 3.9247）。

　　2.在「昇遷機會」方面，受測者任職之「大陸公司」與其「母公
　　　司」之差異達顯著水準（t = 3.32, p < 0.001），亦即受測者認爲
　　　「大陸公司」提供的「昇遷機會」（平均數 = 4.1918）優於母公
　　　司（平均數 = 3.7808）。

　　3.在「教育訓練」方面，受測者任職之「大陸公司」與其「母公
　　　司」之差異達顯著水準（t = － 4.09, p < 0.001），亦即受測者認
　　　爲「大陸公司」提供的「教育訓練」（平均數 = 3.8219）遜於母
　　　公司（平均數 = 4.3014）。

　　4.在「勞工保險」方面，受測者任職之「大陸公司」與其「母公
　　　司」之差異達顯著水準（t = － 2.64, p < 0.05），亦即受測者認爲

「大陸公司」提供的「勞工保險」（平均數＝4.1438）遜於母公司（平均數＝4.4315）。

表七　大陸公司與母公司在人力資源管理措施上之差異分析摘要表

項　　目	大陸公司		母公司		t　值
	平均數	標準差	平均數	標準差	
1.福利制度	3.9315	.8346	3.9863	.6290	−.59
2.薪資水準	3.9041	.6649	3.8630	.5789	.48
3.個人成長機會	4.4521	.8129	3.9247	.8193	4.25***
4.昇遷機會	4.1918	.8234	3.7808	.8333	3.22***
5.績效評估	3.9452	.7000	4.0000	.7022	−.57
6.教育訓練	3.8219	1.0151	4.3014	.8239	−4.09***
7.員工招募	4.0959	.7438	4.0959	.7978	.00
8.甄選制度	4.0342	.6310	4.1164	.7972	−.91
9.獎懲制度	3.9110	.6989	4.0479	.8298	−1.22
10.勞工保險	4.1438	1.0590	4.4315	.8007	−2.64*
11.退休制度	4.1301	1.0542	4.0000	.7906	.99
12.工作評價制度	3.7603	.7998	3.9658	.8305	−1.97

人數：73人　　* p＜0.05　　***p＜0.001

㈤受測者之母公司對甄選派駐大陸人員之條件的重視順序

受測者任職之母公司對甄選派駐大陸人員之七項條件的重視順序依次為：

(1)「業務經驗及能力較強」（平均分數為4.97分，表示「重視」），

(2)「赴大陸就職意願高」（平均分數為4.88分，表示「重視」），

(3)「瞭解公司產品與管理政策」（平均分數為4.85分，表示「重視」），

(4)「身體健康與年紀較輕」（平均分數為4.12分，接近「有點重視」），

(5)「家人小孩牽絆因素少」（平均分數為4.03分，接近「有點重視」），

(6)「曾有駐外經驗」（平均分數為3.96分，接近「有點重視」），

(7)「瞭解大陸風俗習慣」（平均分數為3.66分，接近「有點重視」）。

二、定性研究結果

　　研究者曾訪談十三位目前由台灣派駐大陸或曾經在大陸工作過的企業界高級幹部，希望更深入了解他們在大陸工作時所碰到的問題，並探討大陸企業員工的工作態度、價值觀及大陸企業的一般人力資源管理實務狀況。

　　研究者採用半結構式訪談方式 (semi-structured interviewing) 就預先準備之問題對受訪者逐項詢問，並採用內容分析方法，將訪談資料加以分析，以印證或對照定量分析的研究結果。本研究的訪談結果可歸納成下列的主要發現：

㈠企業投資方式

　　基於市場、資源、人力等因素考量，受訪企業投資大陸多以合資方式經營，希望借助合作夥伴的力量，能順利打開市場，故產品多以內銷為主，唯基於營運的需要，受訪企業的外資比例有逐漸提升的現象。

㈡社會文化價值的差距

　　一般台灣派駐大陸的管理人員，對大陸的社會文化價值觀都有深刻體認，他們的主要看法分述如下：

1. 一般大陸籍員工有吃大鍋飯心態。

2. 一般大陸籍員工缺乏市場經濟及成本概念，公私財產常分辨不清。

3. 大陸的法制不健全，朝令夕改，與當地政府打交道時常須靠磋商，企業應變能力要很強。

4. 在大陸上一般人做事常需靠關係。

㈢企業文化

1. 一般大陸員工主動性不夠，敬業精神差。

2. 一般大陸員工團隊合作精神不夠。

3. 企業內上下權力距離大，溝通有待加強。

4. 一般大陸員工對人信任不足，有話不明講。

5. 一般大陸企業上司對部屬的授權較少。

6. 一般大陸員工較依賴上司作決策。

7. 在大陸合資企業的經營上，以金錢物質等外在誘因較具激勵效果。

8. 在大陸的企業中，非正式團體的壓力之影響不可忽視 。

㈣有關台灣派駐大陸之企業員工的生活適應問題

1. 台灣派駐大陸之企業員工的生活適應尚稱良好，唯有少數人的配偶有適應不良的情況。

2. 單身外派者之生活適應較差。

3. 少數適應不良者，公司通常及早調回台灣。

4. 有些公司對員工平日生活要求集體行動，並嚴格要求遵守生活

規範。

5. 台灣派駐大陸之企業員工的子女教育問題仍未獲妥善解決。

㈤台灣派駐大陸之企業員工所獲得的生活與社會支持

1. 台灣派駐大陸之企業員工的住處大都彼此相距不遠，經常聚會，以擴充生活圈。

2. 台灣派駐大陸之企業員工應打入當地生活圈或多與當地員工接觸。

3. 台灣派駐大陸之企業員工應培養個人良好興趣或嗜好，以疏解寂寞。

4. 台灣派駐大陸之企業員工可加入外商聯誼會，定期聚會，交換經驗或互相幫忙。

5. 台灣派駐大陸之企業員工可「一忙除三害」（即工作忙碌時就不會胡思亂想）。

㈥母公司之派外政策

1. 大部份公司之派外人員都有任期，任期有二至三年，可定期返家探親，並由公司補助旅費。

2. 母公司派遣人員至大陸工作時，大多會事先徵求當事人意願，有少數情況是半強迫式，視公司政策而異；派外之高級幹部多選擇資深且經驗佳者，較能獨當一面，以發揮其專長。

3. 派外人員攜眷者公司大多提供宿舍。

4. 派外人員之薪資有分兩邊支薪的情況，主要是避免讓大陸當地員工感覺與外地派來人員之薪水的差距太大，而引發當地員工

反彈。

5. 企業（尤其是西方公司）派駐大陸之人員應以能了解中文及中國文化背景者爲佳。

㈦人力資源管理實務

1. 在大陸合資公司內，一般而言員工素質高，學習快。但有部份人雖能言善道，卻績效不彰。

2. 在大陸的合資公司仍有必要對大陸員工採用較集權的管理方式。

3. 如要移植台灣或母公司文化至大陸之合資公司，應參酌大陸當地之風俗習慣，才能適合當地的需要。

4. 合資企業招募員工可透過人才仲介市場、學校、同事介紹或登報等方式。唯大陸有工作證的管制，有些地方不容易找到人。另外在甄選員工時如何擺脫人情包袱也是一個重要的藝術。

5. 在員工訓練方面，大陸合資企業多重視員工之訓練，並已建立內部訓練制度，自行訓練員工。唯目前的訓練多以技術爲主，管理方面的訓練仍少。

6. 現在大陸合資企業僱人多採合同制，固定時間換約，不勝任者可中途解僱。一般大陸員工仍注重金錢報酬，有些公司因薪水較低，會發生員工被挖角或跳槽事件，使流動率產生偏高的現象。

7. 在薪資方面，合資企業都按職位高低計薪，打破以年資爲主的薪資制度。

8. 在福利政策上，大陸合資企業的福利多比照國外母公司制度，並依據大陸當地法令或情況作修改。

9. 有關週休二日制的問題，大陸自一九九五年一月一日起實施新的勞動法，即每週工作五天，週末不上班。採行這個制度的原因，依據受訪之企業主管的看法，有幾種原因：

　　(1)可降低成本、減少辦公室的浪費。

　　(2)基於交通問題的考量，可節省週六上班在交通方面所浪費的時間。

　　(3)可增加就業機會。

　　(4)促進消費，使旅遊事業更發達。

　　(5)電力供應不足的結果。

　　　實施週休二日制度後，有人擔心由於大陸社會上很多人缺乏休閒之經濟能力和休閒場所，會引發一些社會問題。

10. 退休及保險方面，由於政府法令不週全，現階段問題仍多。

11. 在大陸合資企業內成立的工會可調解勞資糾紛，幫助員工表達意見，接受員工訴怨，偶爾也可替員工排憂解難。

肆、 討論

在本節中，筆者針對本研究之定性與定量分析的主要結果及其在管理實務上之重要含義分別加以討論如下：

　　一、本研究發現，台灣派駐大陸之企業管理人員認為其本人與一般大陸人在「社會文化價值」上之差距不大，此一結果可能反映出兩岸人民的價值觀受到數千年中國傳統文化（尤其是儒家倫理）之影響根深蒂固，而大陸人民的價值觀並不是短短四、五十年的共產革命能加以根本改變的。黃國隆（1995）的研究也發現，台灣民營企業與大陸三資企業員工對工作價值觀各項目的重視順序差異不大，此一結果正呼應了上述的論點。再者，本研究定性分析的結果顯示，台灣派駐大陸之管理人員對大陸的社會文化價值觀都有深刻的體認，它將有助於減低這些管理人員所受到之兩岸社會文化價值觀差距的衝擊。

　　此外，台灣派駐大陸之企業管理人員之「個人價值」與「公司的價值」兩者差距很小，其原因可能是這些大型民營企業大都是具有強勢的企業文化，其管理人員已經歷相當時間的組織社會化過程，而能夠接受及認同公司的價值。

　　二、本研究結果顯示，一般而言台灣派駐大陸之企業管理人員在大陸的生活適應尚可（只屬中等程度），其原因可能是本研究中：(1)受測樣本的「個人適應能力」（包括調整文化差異的能力、人際技巧、解決衝突能力及容忍不確定性能力）只屬中等；(2)多數人（占58.9％）在大陸「沒有與配偶同住」，而「沒有與配偶同住者」之生活適應及工作滿足皆比「與配偶同住者」差；(3)母公司的行政支持程度只屬中等程度；(4)受測樣本在大陸之工作負荷有點過重，且各方對其工作之要求有點不一致。因此若欲增進駐外人員的生活適應，除了鼓勵其攜帶配偶前往駐居地，以幫助照料其生活起居之外，改善當事人的工作角色

特性亦是一個相當必要的措施。

三、本研究發現，台灣派駐大陸之企業管理人員在大陸上工作所獲得之「家人、朋友及大陸員工的社會支持」屬中等程度。本研究進一步發現，「社會支援之程度」較高之企業管理人員在大陸上的「生活適應」及「工作滿足」均較佳。由此可見，社會人際關係的支持對駐外人員的生活適具有正面的影響。

此外，顧鳳姿（1993）、柯元達（1994）以及本研究者均發現，「總公司的支援程度」愈佳，則駐外管理人員之「生活適應」愈好。因此總公司若能在駐外管理人員赴任前事先給予必要的教育訓練，多提供與派駐地的生活及工作有關之資訊，鼓勵他們加入台商或外商聯誼會以擴大生活圈，並且不過份干涉派駐大陸管理人員的管理決策，則會對這些人在駐居地的「生活適應」有所幫助。

四、本研究發現，台灣派駐大陸之企業管理人員中「個人適應能力較佳者」，及「志願派駐大陸者」，其在大陸的生活適應較佳。可見個人的適應能力及外派意願均對生活適應有相當影響。然而，由本研究的典型相關分析中發現，對派駐大陸之管理人員的「生活適應」預測力最大之變項為環境變項中的「社會支援程度」，其次是「工作角色特性之變化程度」。相對而言，人口統計變項（如性別、教育程度、婚姻、子女數等）、「駐外人員與一般大陸人的價值差距」及「個人與公司的價值差距」的預測力均較低。

因此，為了增進駐外人員在駐居地的生活適應，企業應選派適應能力較強、派外意願較高的人前往，並且提供必要的社會支援，以及

設法改善其工作特性。值得欣慰的是，本研究之定性分析結果顯示，台灣企業派駐大陸之人員多數有固定任期（二至三年），可定期返家探親，並由公司補助旅費。另外母公司派遣人員至大陸工作時，大多會事先徵求當事人意願；且外派之高級幹部多選擇資深且經驗佳者，較能獨當一面，以發揮其專長。

　　五、最後，筆者願提出研究方法上的兩點建議，以供日後相關之研究參考：

1. 本研究使用之「生活適應」量表係採研究者自編的「態度量表」型式，以後的類似研究似可採用「柯氏性格量表」、其他臨床心理學（clinical psychology）或精神醫學的診斷工具來衡量「生活適應」優劣程度，如此可能更具說服力。

2. 本研究樣本為大型民營企業的管理人員，且人數只有73人。今後的研究似可以針對中小企業駐外人員進行大樣本的深入探討，以便對駐外人員的生活適應有更廣泛及完整的瞭解。

參考文獻

王鍾和（1979）：《適應與心理衛生》，台北，大洋出版社。

李誠（1997）：〈港、台、美、日、星企業海外投資勞資關係策略〉，勞動政策與國際競爭力研討會，行政院勞工委員會，五月。

林憲（1984）：〈社會變遷衝擊下之精神疾病〉，「台灣社會與文化變遷

研討會」，中央研究院民族學研究所。

柯元達（1994）：〈台商派駐大陸經理人適應問題研究〉，國立中山大
　　學企業管理研究所未發表碩士論文。

洪春吉（1992）：〈台灣地區中、美、日資企業之企業文化比較〉，國
　　立台灣大學商學研究所未發表博士論文。

戚樹誠（1993）：〈企管碩士創業傾向之實證研究〉，working paper。

黃英忠（1996）：〈我國企業海外派遣人員之甄選決策與訓練對績效之
　　影響——以赴大陸投資的台商為例〉，行政院國科會專題研究計
　　畫成果報告。

黃國隆（1995）：〈台灣與大陸企業員工工作價值觀之比較〉，「華人心
　　理學家學術研討會暨第三屆中國人的心理與行為科際研討會」報
　　告，台灣大學，四月。

楊國樞（1987）：〈台灣民眾之性格與行為的變遷〉，見楊國樞編著《中
　　國人的蛻變》，桂冠圖書公司，頁419～456。

經濟部，《兩岸經貿統計月報》（1997），三月，頁28～31。

鄭伯壎（1990）：《組織文化價值觀數量衡鑑》，台北，大洋出版社。

鄭伯壎（1993）：〈組織價值觀與組織承諾、組織公民行為、工作績效
　　的關係：不同加權模式與差距模式之比較〉，《中華心理學刊》，
　　35卷，一期，頁43～58。

黎維山（1996）：〈多國籍海外人力派遣問題之研究〉，《中華人力資源
　　會訊》，第五十期。

瞿海源（1980）：〈論幾個與社會變遷有關的心理指標〉，見《第一屆

指標會議論文集》，中央研究院三民主義研究所。

顧鳳姿（1993）：〈資訊業駐外經理海外適應之研究〉，國立政治大學企業管理研究所未發表博士論文。

Shiraki, M.（1997）：〈日本企業海外投資之勞資關係策略：以亞洲國家爲參考〉，勞動政策與國際競爭力研討會，行政院勞工委員會，五月。

Arthur, W., Jr., & Bennett, W., Jr. (1995). The international assignee : The relative importance of factors perceived to contribute to success, *Personnel Psychology*, Vol.48.

Baysinger, B. D., & Mobley, W. H. (1983). Employee turnover: Individual and organizational analysis, *Research in personnel and human resource management*, Greenwich, CT: JAI Press.

Black, J. S., & Gregersen, H. B. (1991). Antecedents to cross-cultural adjustment for expatriate in Pacific Rim Assignments, *Human Relations*, 44, pp.497-515.

Black, J. S., & Mendenhall, M. (1990). Cross-cultural training effectiveness: A review and a theoretical framework for future research, *Academy of Management Review*, 15, pp.113-136.

Black, J. S., & Stephens, G. (1989). The influence of the spouse on American expatriate adjustment in Pacific Rim Overseas Assignment , *Journal of Management*, 15, p.529-544.

Black, J. S. (1990). The relationship of personal characteristics with the adjuctment of Japanese expatriate managers, *Management International Review*, pp.119-134.

Black, J. S., Mendenhall, M., & Oddou, G. (1991). Toward a comprehensive model of international adjustment: An integration of multiple theoretical perspectives, *Academy of Management Review*, 16, pp.291-317.

Black, J. S. (1988). Work role transitions: A study of American expatriate managers in Japan, *Journal of International Business Studies*, Summer.

Bond, M. H., & Pang, M. K. (1989). Trusting to the Tao: Chinese values and recentering of psychology,《中國人的道德價值與道德發展國際研討會論文集》, pp.972-998.

Church, A. T. (1982). Sojourner adjustment, *Psychological Bulletin*, 91, pp.540-572.

Guzzo, R. A., Noonan, K. A., & Elron, E. (1994). Expatriate managers and the psychological contract, *Journal of Applied Psychology*, Vol. 79, No.4, pp.617-626.

Hofstede, G., Neuijen, B., Ohayv, D. D., & Sanders, G. (1990). Measuring organizational cultures: A qualitative and quantitive study across twenty cases, *Administrative Science Quarterly*, 35 , pp.286-316.

Lin, T. Y. (林宗義). Rin, H., Yemn, E. K., Hsu, C. C., & Chu, H. M. (1969). Mental disorders in Taiwan, fifteen years later, In W. Caudill

& T. Lin (eds.), *Mental health research in Asia and the Pacific*, Honolulu: East-West Center.

Lysgaard, S. (1995). Adjustment in a foreign society: Norwegian Fulbright Grantees visiting the United States, *International Social Science Bulletin*, 5, pp.45-51.

Porter, L. W. , Steer, R. M., Mowday, R. T., & Boulian, P. V. (1974). Organizational commitment, job satisfaction and turnover among psychiatric technicians, *Journal of Applied Psychology*, 19, pp.475-479.

Torbiorn, I. (1982). *Living abroad: Personal adjustment and personal policy in the overseas setting*, Chichester, UK:Wiley.

Tsai, H. Y. (1995). Sojourner adjustment:The case of foreigners in Japan, *Journal of Cross-Cultural Psychology*, 26(5), pp.523-536.

Yeh, E. K., Hwu, H. G., Chang, L. Y., & Yeh, Y. L. (1985). Lifetime prevalence of mental disorders in a Chinese metropolis and two townships, paper presented at the International Symposium on Psychiatric Epidemiology, Taipei, Taiwan.

附錄一　台商派駐大陸地區之企業員工樣本特徵描述

個人背景變項	人數	百分比
性別		
男	65	89.0
女	8	11.0
年齡		
25歲以下	1	1.4
25至30歲	8	11.0
31至35歲	23	31.5
36至40歲	19	26.0
41歲45歲	14	19.2
46至50歲	5	6.8
51歲以上	3	4.1
工作性質		
生產	8	11.0
業務	25	34.2
工程	11	15.1
管理	22	30.1
採購	2	2.7
中級主管	25	34.2
高級主管	42	57.5
拒答	1	1.4
婚姻		
已婚	54	74.0
未婚	19	26.0

與配偶同住		
是	29	39.7
否	43	58.9
拒答	1	1.4
子女數		
沒有	28	38.4
1人	9	12.3
2人	26	35.6
3人以上	10	13.7
子女在大陸就學		
是	13	17.8
否	58	79.5
拒答	2	2.7
在大陸任職年資		
6個月以下	20	27.4
7個月至1年	11	15.1
1—3年	34	46.6
3—5年	6	8.2
5年以上	2	2.7
派駐海外經驗		
有	18	24.7
無	55	75.3
派駐大陸動機		
志願	65	89.0
非志願	7	9.6
拒答	1	1.4

派駐大陸任期		
無固定任期	27	37.0
任期1年	8	11.0
任期2年	23	31.5
任期3年	9	12.3
任期3年以上	1	1.3
拒答	5	6

國家圖書館出版品預行編目資料

海峽兩岸之人力資源管理 / 王重鳴等作. -- 初版. --
臺北市：遠流, 1998 [民 87]
面； 公分. -- （海峽兩岸管理系列叢書；3）

ISBN 957-32-3590-0(平裝)

1. 人事管理 - 論文, 講詞等　2. 人力資源 - 管理
3. 兩岸關係

494.307　　　　　　　　　　　　　　　87012451